Christian Schmidt

Fahrstrategien zur Unfallvermeidung im Straßenverkehr für Einzel- und Mehrobjektszenarien

Schriftenreihe
Institut für Mess- und Regelungstechnik,
Karlsruher Institut für Technologie (KIT)

Band 030

Eine Übersicht über alle bisher in dieser Schriftenreihe erschienenen Bände finden Sie am Ende des Buchs.

Fahrstrategien zur Unfallvermeidung im Straßenverkehr für Einzel- und Mehrobjektszenarien

von
Christian Schmidt

KIT Scientific Publishing

Dissertation, Karlsruher Institut für Technologie (KIT)
Fakultät für Maschinenbau
Tag der mündlichen Prüfung: 08. Juli 2013
Referent: Prof. Dr.-Ing. C. Stiller
Korreferent: Prof. Dr.-Ing. M. Geimer

Impressum

KIT Scientific Publishing

Karlsruher Institut für Technologie (KIT)
KIT Scientific Publishing
Straße am Forum 2
D-76131 Karlsruhe

www.ksp.kit.edu

Print on Demand 2014

ISSN 1613-4214
ISBN 978-3-7315-0198-5
DOI: 10.5445/KSP/1000039757

Fahrstrategien zur Unfallvermeidung im Straßenverkehr für Einzel- und Mehrobjektszenarien

Von der Fakultät für Maschinenbau
des Karlsruher Instituts für Technologie (KIT)

zur Erlangung des akademischen Grades eines

Doktors der Ingenieurwissenschaften

genehmigte Dissertation

von

DIPL.-ING. CHRISTIAN SCHMIDT
aus Hameln

Hauptreferent: Prof. Dr.-Ing. C. Stiller
Korreferent: Prof. Dr.-Ing. M. Geimer
Tag der mündlichen Prüfung: 8. Juli 2013

Vorwort

Die vorliegende Dissertation entstand aus meiner Tätigkeit als Doktorand im Zentralbereich der Forschung und Vorausentwicklung der Robert Bosch GmbH.

Mein besonderer Dank gilt Herrn Prof. Dr.-Ing. Christoph Stiller, der diese Arbeit wissenschaftlich begleitete und durch viele hilfreiche Hinweise unterstützte. Bei Herrn Prof. Dr.-Ing. Marcus Geimer bedanke ich mich für die Übernahme des Korreferats und das Interesse an meiner Arbeit. Den Vorsitz der Prüfungskommission übernahm Herr Prof. Dr.-Ing. Kai Furmans, ihm danke ich für die freundliche Leitung des Verfahrens.

Bei Herrn Dr.-Ing. Fred Oechsle bedanke ich mich für die Betreuung während meiner Doktorandentätigkeit und für die vielen konstruktiven Diskussionen. Ebenso danke ich Herrn Dr. Wolfgang Branz und Herrn Dr. Martin Stämpfle für ihre fachlichen Anregungen. Herrn Dr.-Ing. Michael Weilkes danke ich für die geschaffenen Rahmenbedingungen und die günstigen Arbeitsbedingungen während dieser Zeit.

Mein ganz besonderer Dank gilt meinem Vater, der mir ein finanziell weitestgehend sorgenfreies Studium ermöglichte und mich auch in schwierigen Zeiten stets unterstützte. Ihm und meiner Tochter Alina widme ich diese Arbeit.

Stuttgart, im März 2014 | Christian Schmidt

Kurzfassung

Die vorliegende Arbeit befasst sich mit der Ableitung von Fahrstrategien für komplexe Verkehrsszenarien mit beliebig vielen Fahrzeugen und Hindernissen.

Im ersten Teil wird zunächst die Frage nach dem letztmöglichen Kollisionsvermeidungsmanöver im Einzelobjektszenario untersucht. Nachdem eingangs lediglich zwischen Lenken und Bremsen unterschieden wird, wird anschließend mit erreichbaren Aufenthaltskreisen eine neue Darstellungsform vorgestellt, die die Gesamtheit aller Trajektorien, also auch kombinierte, zeitlich veränderliche Lenk- und Bremseingriffe abbilden kann, ohne explizit einzelne Manöver betrachten zu müssen. Mittels dieser Darstellung lässt sich das letztmögliche kollisionsvermeidende Manöver berechnen und sicherstellen, dass kein noch späteres Manöver in der Annäherung zum Hindernis unter den gegebenen Randbedingungen existiert. Für dieses Manöver ist ein kombinierter Brems-Lenkeingriff erforderlich. Die benötigte Aufteilung zwischen Bremsen und Lenken wird analytisch hergeleitet.

Im Anschluss wird im zweiten Teil das reine Kollisionsvermeidungsmanöver zu einem vollständigen Ausweichmanöver im Sinne eines Spurwechsels erweitert. Eine alternative Trajektorie gegenüber den gebräuchlichen wird vorgeschlagen.

Nachfolgend wird im dritten Teil das Einzelobjektszenario auf beliebig viele Objekte erweitert. Dazu werden zwei neuartige Verfahren beschrieben, die insbesondere im Hinblick auf Verkehrsszenarien geeignet sind, kollisionskritische Situationen zu erkennen. Das erste Verfahren baut auf den eingangs eingeführten Aufenthaltskreisen auf, wobei sich jedoch deutliche, verfahrensinhärente Schwächen zeigen, die zu einer massiven Überabschätzung führen und keine zuverlässige und belastbare Trajektorienplanung ermöglichen. Daher wird im Anschluss ein alternatives Verfahren hergeleitet. Durch die einzuführende kinematische Konfiguration lässt sich die Bewegungsmöglichkeit des Fahrzeugs während der Propagation deutlich schärfer eingrenzen und auf deren Basis eine fahrphysikalisch realisierbare, kollisionsfreie Trajektorie berechnen. Beide Verfahren werden mittels Beispielen demonstriert.

Abschließend wird die implementierte Simulationsumgebung vorgestellt und die vorliegende Arbeit mit einer Zusammenfassung und einem Ausblick beendet.

Schlagworte: Kollisionsvermeidung - Aufenthaltsgebiet - Propagation - Passierungstor - Trajektorienplanung

Abstract

The present work deals with the derivation of driving strategies for complex traffic scenarios with any number of vehicles and obstacles.

In the first part the question about the last collision avoidance maneuver is examined for a single object scenario. Initially, it is only distinguished between steering and braking intervention. Subsequently, so-called location circles introduce a new representation theory which regard the entirety of all possible trajectories without concerning single maneuvers. Hence, combined, time-varying steering and braking interventions are included implicitly. By means of this representation the last possible collision avoidance maneuver can be calculated and it ensures that no later maneuver exists under the given boundary conditions during the approach to the obstacle. This maneuver requires a combined braking and steering intervention, its braking and steering parts are derived analytically.

In the second part the maneuver for sole collision avoidance is extended to a complete avoidance maneuver in accordance to a lane change. An alternative trajectory opposite to common and well-known trajectories is proposed.

Subsequently, the single object scenario is extended to any number of objects in the third part. For this, two novel methods are described, which are particularly suitable for traffic scenarios to identify critical collision constellations. The first method extends the initially introduced location circles to arbitrary areas. Unfortunately, a massive and unavoidable over-estimation arises caused by method weaknesses which result in a not-reliable trajectory planning. Therefore, an alternative method is proposed in the following to eliminate the fundamental flaws of the first method. The kinematic configuration is introduced which represents velocity information during the propagation process. As a consequence, the possible movement of the vehicle can be described significantly sharper over time. This leads to a much more reliable collision-free trajectory planning. Both methods are compared against each other by examples.

Finally, the simulation environment is presented and this work completes with a summary and an outlook.

Key words: collision avoidance - location area - propagation - passing gate - trajectory planning

Inhalt

Bilder VII

Tabellen XI

Symbole XIII

1 Einleitung 1

2 Ideale Kollisionsvermeidung für ein einzelnes Hindernis 5
2.1 Bekannte Kollisionsvermeidungs- und Ausweichmanöver 5
2.2 Kollisionsvermeidung durch Bremsen oder Lenken 6
2.3 Kollisionsvermeidung durch kombiniertes Bremsen und Lenken 13
2.3.1 Erreichbares Aufenthaltsgebiet des Egofahrzeugs 13
2.3.2 Minimaler Hindernisabstand zur Kollisionsvermeidung 19
2.3.3 Betrachtungen zur Existenz der Kollisionsvermeidung 21
2.3.4 Nutzenbewertung des optimalen Manövers zur Kollisionsvermeidung 24
2.3.5 Kombinierter Brems-Lenkeingriff bei anisotroper Beschleunigungsverteilung 24

3 Ideales Ausweichmanöver für ein einzelnes Hindernis 27
3.1 Ausweichmanöver ohne Bremseingriff 27
3.1.1 Überblick bekannter Ausweichlenkmanöver 27
3.1.2 Krümmungsverläufe der bekannten Ausweichlenkmanöver . . . 32
3.1.3 Krümmungsoptimierte Ausweichlenktrajektorie 34
3.2 Ausweichmanöver mit kombiniertem Brems-Lenkeingriff 38
3.2.1 Ausweichmanöver auf Basis der Extremaltrajektorie 38
3.2.2 Ausweichmanöver auf Basis eines Optimierungsansatzes 41
3.2.3 Ausweichmanöver auf Basis der Arkustangens-Funktion 45
3.2.4 Nutzenbewertung des optimalen Ausweichmanövers auf Basis der Arkustangens-Funktion 48
3.2.5 Ausweichmanöver auf Basis der Arkustangens-Funktion ohne Sprünge in der Beschleunigung 50
3.2.6 Trajektorie des optimalen Ausweichmanövers 54
3.3 Abschließende Betrachtungen zum idealen Ausweichmanöver 55

4 Kollisionsfreie Bahnplanung in Mehrobjektszenarien 59
4.1 Propagationsverfahren 59
4.1.1 Aufenthalts-, Ausschluss- und Gefährdungsgebiete 60
4.1.2 Propagation und gegenseitige Beschränkung der Aufenthalts-, Ausschluss- und Gefährdungsgebiete 66
4.1.3 Gegenseitige Beeinflussung zwischen den Hindernissen 69
4.1.4 Trajektorienplanung durch die Aufenthaltsgebiete 69
4.1.5 Beispielszenario 1: Zwei Hindernisse und Fahrbahnbegrenzung . 76
4.1.6 Beispielszenario 2: Zehn Hindernisse 80
4.1.7 Abschließende Bemerkungen zum Propagationsverfahren 85
4.2 Methode der Passierungstore 86
4.2.1 Longitudinale Propagation 87
4.2.2 Laterale Propagation 91
4.2.3 Laterale Propagation unter Berücksichtigung von Hindernissen 97
4.2.4 Fehlerbetrachtung der lateralen Propagation 101
4.2.5 Zusammenführung der longitudinalen und der lateralen Propagation zur Berechnung der Trajektorie 103
4.2.6 Beispielszenario 1: Zwei Hindernisse und Fahrbahnbegrenzung . 110
4.2.7 Beispielszenario 2: Zehn Hindernisse 114
4.2.8 Beispielszenario 3: Vier Hindernisse mit Verzögerung 119
4.2.9 Abschließende Bemerkungen zur Methode der Passierungstore . 124

5 Simulationsumgebung für die Methode der Passierungstore 127

6 Zusammenfassung und Ausblick 131

Literatur 135

Bilder

1.1 Einteilung von Assistenzsystemen [Bec06] 1

2.1 Kollisionsszenario 7
2.2 Ausweich- und Bremsmanöver nach [Wie82] 9
2.3 Ausweich- und Bremsmanöver nach [All87] 9
2.4 Ortsdifferenz zwischen letztmöglichem Lenken und Bremsen ($y_H = 1,8\,\mathrm{m}$, $a_x = 9,81\,\mathrm{m/s^2}$) 10
2.5 Zeitdifferenz zwischen letztmöglichem Lenken und Bremsen ($y_H = 1,8\,\mathrm{m}$, $a_x = 9,81\,\mathrm{m/s^2}$) 10
2.6 Maximale Zentrifugalbeschleunigungen eines Normalfahrers [Sch85] . . 12
2.7 Lage des Beschleunigungsvektors auf dem Kammschen Kreis 14
2.8 Schar der Aufenthaltsräume 15
2.9 Geometrische Konstruktion der Einhüllenden 17
2.10 Darstellung der Aufenthaltskreise im Bereich der Definitionsgrenze der Einhüllenden 22
2.11 Charakteristische Bereiche im Aufenthaltsgebiet 23
2.12 Minimale Distanz zur Kollisionsvermeidung ($y_H = 1,8\,\mathrm{m}$, $a_0 = 9,81\,\mathrm{m/s^2}$) 25
2.13 Geschwindigkeitsabnahme und Beschleunigungswinkel zur Kollisionsvermeidung ($y_H = 1,8\,\mathrm{m}$, $a_0 = 9,81\,\mathrm{m/s^2}$) 25
2.14 Propagation der Aufenthaltsgebiete bei anisotroper Beschleunigungsverteilung von $a_{y\mathrm{Max}} : a_{x\mathrm{Max}} = 1 : 3$ 26

3.1 Herleitung der Ausweichlenktrajektorie „doppelter Kreisbogen“ 29
3.2 Vergleich bekannter Ausweichlenktrajektorien ($a_0 = 9,81\,\mathrm{m/s^2}$, $v_0 = 100\,\mathrm{km/h}$, $y_H = 1,8\,\mathrm{m}$) 33
3.3 Krümmungsverlauf für Variierung von $c_0 = 0..\infty$ ($a_0 = 9,81\,\mathrm{m/s^2}$, $v_0 = 100\,\mathrm{km/h}$, $y_H = 1,8\,\mathrm{m}$) 36
3.4 Ausweichmanöver basierend auf der Extremaltrajektorie 39
3.5 Verlauf des Beschleunigungswinkels zur Formulierung des Optimierungsproblems 41
3.6 Beschleunigungsverlauf während des optimalen Ausweichmanövers ($a_0 = 9,81\,\mathrm{m/s^2}$, $v_0 = 100\,\mathrm{km/h}$, $y_H = 1,8\,\mathrm{m}$) 45
3.7 Approximation des Beschleunigungswinkelverlaufs während des optimalen Ausweichmanövers ($a_0 = 9,81\,\mathrm{m/s^2}$, $v_0 = 100\,\mathrm{km/h}$) 46

3.8 Minimaler Hindernisabstand des optimalen Ausweichmanövers ($a_0 = 9,81\,\mathrm{m/s^2}$) . . . 49
3.9 Minimale Distanz zum Ausweichen ($y_H = 1,8\,\mathrm{m}$, $a_0 = 9,81\,\mathrm{m/s^2}$) . . . 49
3.10 Geschwindigkeitsabnahme und Beschleunigungswinkel ($y_H = 1,8\,\mathrm{m}$, $a_0 = 9,81\,\mathrm{m/s^2}$) . . . 49
3.11 Stetige Beschleunigungsverläufe des optimalen Ausweichmanövers ($a_0 = 9,81\,\mathrm{m/s^2}$, $v_0 = 100\,\mathrm{km/h}$, $y_H = 1,8\,\mathrm{m}$) . . . 52
3.12 Vergleich der Ausweichtrajektorien ($a_0 = 9,81\,\mathrm{m/s^2}$, $v_0 = 100\,\mathrm{km/h}$, $y_H = 1,8\,\mathrm{m}$) . . . 54
3.13 Vergleich der Ausweichtrajektorien für verschiedene Passierungspunkte des Hindernisses . . . 57

4.1 Propagationsschritt des Aufenthaltsgebiets . . . 61
4.2 Innen- und Außenkreisradius von Ego- und Hindernisfahrzeug . . . 61
4.3 Ausschluss- und Gefährdungsgebiet auf Basis des Aufenthaltsgebiets . . . 62
4.4 Wachstum und Schrumpfung der Aufenthalts-, Ausschluss- und Gefährdungsgebiete bei verschiedenen Beschleunigungen ($a_0 = 0,5\,\mathrm{m/s^2}$, $2\,\mathrm{m/s^2}$, $4\,\mathrm{m/s^2}$, $6\,\mathrm{m/s^2}$) . . . 65
4.5 Beschränkung des Aufenthaltsgebiets durch ein Gefährdungsgebiet und anschließender Propagation . . . 67
4.6 Propagation des Aufenthaltsgebiets bei drei stehenden Hindernissen . . . 68
4.7 Iterative Bestimmung der gegenseitigen Beeinflussung in den Aufenthaltsgebieten zwischen zwei Hindernissen . . . 70
4.8 Projektion der Aufenthaltsgebiete zur Berechnung der Trajektorie über der Zeit . . . 71
4.9 Beispielszenario 1: Propagation der Aufenthaltsgebiete ($v_0 = 20\,\mathrm{m/s}$, $a_0 = 3\,\mathrm{m/s^2}$) . . . 77
4.10 Beispielszenario 1: Projektion der Aufenthaltsgebiete (Pfad 1) . . . 78
4.11 Beispielszenario 1: Projektion der Aufenthaltsgebiete (Pfad 2) . . . 78
4.12 Beispielszenario 1: Längs- und Querbeschleunigung (Pfad 1) . . . 79
4.13 Beispielszenario 1: Längs- und Querbeschleunigung (Pfad 2) . . . 79
4.14 Beispielszenario 2: Propagation der Aufenthaltsgebiete ($v_0 = 20\,\mathrm{m/s}$, $a_0 = 3\,\mathrm{m/s^2}$) (Teil 1) . . . 81
4.15 Beispielszenario 2: Propagation der Aufenthaltsgebiete ($v_0 = 20\,\mathrm{m/s}$, $a_0 = 3\,\mathrm{m/s^2}$) (Teil 2) . . . 82
4.16 Beispielszenario 2: Projektion der Aufenthaltsgebiete (Pfad 1) . . . 83
4.17 Beispielszenario 2: Projektion der Aufenthaltsgebiete (Pfad 2) . . . 83
4.18 Beispielszenario 2: Längs- und Querbeschleunigung (Pfad 1) . . . 84
4.19 Beispielszenario 2: Längs- und Querbeschleunigung (Pfad 2) . . . 84
4.20 Erster und letzter Kontaktpunkt zwischen Ego- und Hindernisfahrzeug während der „virtuellen“ Durchdringung . . . 88
4.21 Kontaktpunkte durch „virtuelle“ Durchdringung der Fahrschläuche . . . 89

4.22 Konstruktion der Sperrfläche anhand der longitudinalen Propagation und der lateralen Hindernisbewegung 90
4.23 Befahrbare Sektoren bei Anwesenheit von Hindernissen 92
4.24 Propagation der kinematischen Konfigurationen $\mathcal{K}_i$ 94
4.25 Kinematische Konfiguration unter Berücksichtigung einer Hindernissperrfläche 98
4.26 Propagation der beschnittenen kinematischen Konfiguration unter Berücksichtigung eines Hindernisses 100
4.27 Propagationssequenz der lateralen Position in Abhängigkeit der lateralen Geschwindigkeit 101
4.28 Maximal möglicher Propagationsfehler 102
4.29 Fahrkorridor auf Basis der Passierungstore 104
4.30 Beispielszenario 1: Passingstore und Sperrflächen ($v_0 = 20\,\mathrm{m/s}, a_0 = 3\,\mathrm{m/s}^2$) 112
4.31 Beispielszenario 1: Propagation der Geschwindigkeit (Pfad 1) 113
4.32 Beispielszenario 1: Propagation der Geschwindigkeit (Pfad 2) 113
4.33 Beispielszenario 1: Querbeschleunigung (Pfad 1) 113
4.34 Beispielszenario 2: Passingstore und Sperrflächen ($v_0 = 20\,\mathrm{m/s}, a_0 = 3\,\mathrm{m/s}^2$, ohne Hilfstore) 116
4.35 Beispielszenario 2: Propagation der Geschwindigkeit (Pfad 1) (Teil 1) . 117
4.36 Beispielszenario 2: Propagation der Geschwindigkeit (Pfad 1) (Teil 2) . 118
4.37 Beispielszenario 2: Querbeschleunigung (Pfad 1) 119
4.38 Beispielszenario 3: Passingstore und Sperrflächen ($v_0 = 20\,\mathrm{m/s}, a_0 = 4{,}9\,\mathrm{m/s}^2$, ohne Hilfstore) 120
4.39 Beispielszenario 3: Propagation der Geschwindigkeit (Pfad 1) 121
4.40 Beispielszenario 3: Querbeschleunigung (Pfad 1 und 2) 121
4.41 Beispielszenario 3: Querbeschleunigung (Pfad 3, 4 und 5) 122
4.42 Mehrzieloptimierung für Pfad 1 ($\sigma = 10^{-4} \dots 10^4$) 123
4.43 Variation der Trajektorien auf Basis der Mehrzieloptimierung für Pfad 1 ($\sigma = 10^{-4} \dots 10^4$) 123

5.1 Grafische Oberfläche der Simulationsumgebung zur Methode der Passierungstore 127
5.2 Parametrierung des Egofahrzeugs und der Hindernisfahrzeuge 128
5.3 Kollisionsfreier Bahnverlauf mit Beschleunigungsprofil (links), Geschwindigkeitspropagation zur Berechnung der Passierungstore (rechts) 128
5.4 2D-Animation des Szenarios in der Simulationsumgebung 130
5.5 3D-Animation des Szenarios in der Simulationsumgebung durch Anbindung des SurfAnimators® 130

Tabellen

3.1 Vergleich bekannter Ausweichlenktrajektorien ($a_0 = 9{,}81\,\mathrm{m/s^2}$, $v_0 = 100\,\mathrm{km/h}$, $y_H = 1{,}8\,\mathrm{m}$) . . . 32
3.2 Vergleich der Ausweichtrajektorien ($a_0 = 9{,}81\,\mathrm{m/s^2}$, $v_0 = 100\,\mathrm{km/h}$, $y_H = 1{,}8\,\mathrm{m}$) . . . 55

4.1 Beispielszenario 1: Bewegungsgrößen und geometrische Randbedingungen . . . 76
4.2 Beispielszenario 2: Bewegungsgrößen und geometrische Randbedingungen . . . 80
4.3 Beispielszenario 2: Passierungstore (Pfad 1) . . . 115
4.4 Beispielszenario 3: Initiale kinematische Bewegung . . . 119
4.5 Beispielszenario 3: Vergleich der Optimierungsergebnisse für die verschiedenen Pfade (normiert, $\sigma = 200$) . . . 122

Symbole

Allgemein

E	Egofahrzeug
J	Optimierungsfunktional
V_i	Hindernis i
Ω	Aufenthaltsgebiet
a_0	Maximales Beschleunigungsvermögen des Egofahrzeugs (isotrop)
a_x	Longitudinale Beschleunigung des Egofahrzeugs
$a_{j\,x}$	Longitudinale Beschleunigung des Egofahrzeugs zum Zeitpunkt t_j
$a_{x\,Vi}$	Longitudinale Beschleunigung des Hindernisses V_i
$a_{x\mathrm{Max}}$	Maximales Beschleunigungsvermögen (des Egofahrzeugs) in longitudinaler Richtung
$a_{x\mathrm{Min}}$	Minimales Beschleunigungsvermögen (des Egofahrzeugs) in longitudinaler Richtung
a_y	Laterale Beschleunigung des Egofahrzeugs
$a_{j\,y}$	Laterale Beschleunigung des Egofahrzeugs zum Zeitpunkt t_j
$a_{y\,Vi}$	Laterale Beschleunigung des Hindernisses V_i
$a_{y\mathrm{Max}}$	Maximales Beschleunigungsvermögen (des Egofahrzeugs) in lateraler Richtung
$a_{y\mathrm{Min}}$	Minimales Beschleunigungsvermögen (des Egofahrzeugs) in lateraler Richtung
a_{ZF}	Zentrifugalbeschleunigung
b_E	Breite des Egofahrzeugs
b_{Vi}	Breite des Hindernisses V_i
l_E	Länge des Egofahrzeugs
l_{Vi}	Länge des Hindernisses V_i
r	Bahnradius
s	Bahnlänge der Trajektorie
t	Zeit allgemein
t_j	Zeitpunkt j
Δt	Zeitdifferenz
v_j	Bahngeschwindigkeit des Egofahrzeugs zum Zeitpunkt t_j
$v_{j\,Vi}$	Bahngeschwindikgeit des Hindernisses V_i zum Zeitpunkt t_j
v_x	Longitudinale Geschwindigkeit des Egofahrzeugs

$v_{j\,x}$	Longitudinale Geschwindigkeit des Egofahrzeugs zum Zeitpunkt t_j
$v_{x\,Vi}$	Longitudinale Geschwindigkeit des Hindernisses V_i
v_y	Laterale Geschwindigkeit des Egofahrzeugs
$v_{j\,y}$	Laterale Geschwindigkeit des Egofahrzeugs zum Zeitpunkt t_j
$v_{y\,Vi}$	Laterale Geschwindigkeit des Hindernisses V_i
x	Longitudinale Position im Welt- bzw. Fahrbahnkoordinatensystem
x_j	Longitudinale Position des Egofahrzeugs zum Zeitpunkt t_j
x_H	Longitudinale Ausdehnung des Manövers (Hindernisposition)
x_{Vi}	Longitudinale Position des Hindernisses V_i im Weltsystem
y	Laterale Position im Welt- bzw. Fahrbahnkoordinatensystem
y_j	Laterale Position des Egofahrzeugs zum Zeitpunkt t_j
y_{Fl}	Linke Fahrbahnbegrenzung
y_{Fr}	Rechte Fahrbahnbegrenzung
y_H	Laterale Ausdehnung des Manövers (Hindernisbreite)
y_{Vi}	Laterale Position des Hindernisses V_i im Weltsystem
$\underline{z}$	Vektor der Optimierungsparameter
κ	Bahnkrümmung
ψ	Fahrzeugorientierung (Gierwinkel)
σ	Gewichtungsfaktor im Optimierungsfunktional
ζ	Richtungswinkel der Beschleunigung
ζ_j	Richtungswinkel der Beschleunigung zum Zeitpunkt t_j

Einzelobjektszenario: Kollisionsvermeidungs- und Ausweichmanöver

$\mathbb{D}_{KK}$	Definitionsbereich des Kammschen Kreises
$\mathbb{D}_{\partial\Omega}$	Definitionsbereich der Einhüllenden
$\mathcal{R}$	Approximationsfehler
T_{Brake}	Zeitkonstante der Bremse
$\partial\Omega$	Rand des Aufenthaltsgebiets
$\vec{m}$	Tangentialvektor in Richtung der Bewegung
$\vec{n}$	Normalenvektor lotrecht zur Bewegungsrichtung
t_{ttc}	Zeit bis zur Kollision (*Time-to-Collision*)
$t_{ttc,\text{Lenken}}$	Zeit bis zur Kollision im Lenkmanöver
$t_{ttc,\text{Bremsen}}$	Zeit bis zur Kollision im Bremsmanöver
Δt_{ttc}	Differenz in der Zeit bis zur Kollision zwischen Bremsen und Lenken bzw. zwischen Bremsen und Brems-Lenken
$v_{0\,\text{Min}}$	Minimale Geschwindigkeit des Brems-Lenkmanövers (Definitionsgrenze)
v_{Grenz}	Grenzgeschwindigkeit zwischen Bremsen und Lenken bzw. zwischen Bremsen und Brems-Lenken als Manöver zur letztmöglichen Kollisionsvermeidung

Δv_{Grenz}	Differenz der Grenzgeschwindigkeiten zwischen isotropem und anisotropem Beschleunigungsvermögen
x_{Grenz}	Grenze im Hindernisabstand zwischen Bremsen und Lenken bzw. zwischen Bremsen und Brems-Lenken als Manöver zur letztmöglichen Kollisionsvermeidung
$x_{H,\text{Bremsen}}$	Hindernisabstand für letztmögliches Bremsen
$x_{H,\text{Lenken}}$	Hindernisabstand für letztmögliches Lenken
Δx_H	Differenz zwischen den Abständen zum Hindernis für den Beginn von Bremsen und Lenken bzw. Brems-Lenken als Manöver zur letztmöglichen Kollisionsvermeidung
Δx_{Vi}	Verkürzung des Abstands im Fall eines bewegten Hindernisses V_i
ε	Anisotropes Beschleunigungsverhältnis

Mehrobjektszenario: Propagationsverfahren

$\widetilde{\langle\cdot\rangle}$	Transformierte Größe des Egofahrzeugs ohne Startgeschwindigkeit v_0
$\mathcal{A}_{Vi}$	Ausschlussgebiet des Hindernisses V_i
$\underline{\underline{F}}$	Matrix der diskreten Integration zur Berechnung der Trajektorienstützstellen
$\mathcal{G}_{Vi}$	Gefährdungsgebiet des Hindernisses V_i
R_E	Außenkreisradius der Egofahrzeuggeometrie
R_{Vi}	Außenkreisradius der Fahrzeuggeometrie des Hindernisses V_i
Ω_E	Aufenthaltsgebiet des Egofahrzeugs (allgemein)
Ω_j	Aufenthaltsgebiet des Egofahrzeugs zum Zeitpunkt t_j
d_Ω	Durchmesser des Aufenthaltskreises Ω
r_E	Innenkreisradius der Egofahrzeuggeometrie
r_{Vi}	Innenkreisradius der Fahrzeuggeometrie des Hindernisses V_i
Δs	Bahnlänge des Trajektorienteilstücks zwischen zwei Propagationsschritten
Δt_P	(Zeitäquidistante) Propagationsschrittweite
Δx_P	Gebietszuwachs während eines Propagationsschritts
x_Ω	Longitudinale Position im Aufenthaltsgebiet Ω
y_Ω	Laterale Position im Aufenthaltsgebiet Ω

Mehrobjektszenario: Methode der Passierungstore

$\mathcal{K}_j$	Kinematische Konfiguration der lateralen Propagation zum Zeitpunkt t_j
$\mathcal{P}_i$	Passierungstor i
$\mathcal{S}_i$	Sperrfläche des Hindernisses V_i

T	Propagationshorizont bzw. nicht zeitäquidistante Propagationsschrittweite
${}^{\gamma}a_{i\,y}$	Beschleunigung zwischen Passierungstor $\mathcal{P}_{i-1}$ und $\mathcal{P}_i$ bis zum Richtungswechsel
${}^{1-\gamma}a_{i\,y}$	Beschleunigung zwischen Passierungstor $\mathcal{P}_{i-1}$ und $\mathcal{P}_i$ nach dem Richtungswechsel
d_{Vi}	Abstand zwischen Egofahrzeug und Hindernis V_i unter Berücksichtigung der beteiligten Fahrzeuggeometrien
$s_{i\,x\,\inf}$	Untere Grenze der Sperrfläche $\mathcal{S}_i$ in longitudinaler Richtung
$s_{i\,x\,\sup}$	Obere Grenze der Sperrfläche $\mathcal{S}_i$ in longitudinaler Richtung
$s_{i\,y\,\inf}$	Untere Grenze der Sperrfläche $\mathcal{S}_i$ in lateraler Richtung
$s_{i\,y\,\sup}$	Obere Grenze der Sperrfläche $\mathcal{S}_i$ in lateraler Richtung
Δt_{Safe}	Zeitlicher Sicherheitsabstand zur Sperrfläche bzw. im Passierungstor
${}^{T}v_y$	Laterale Geschwindigkeit des Egofahrzeugs am Ende des Propagationsschritts
${}^{\gamma T}v_y$	Laterale Geschwindigkeit des Egofahrzeugs beim Wechsel der Beschleunigungsrichtung während des Propagationsschritts
${}^{i}v_{j\,y}$	Geschwindigkeit i in der kinematischen Konfiguration $\mathcal{K}_j$ zum propagierten Zeitpunkt t_j
$v_{j\,y\mathrm{Max}}$	Maximal erreichbare laterale Geschwindigkeit des Egofahrzeugs im Propagationsschritt zum Zeitpunkt t_j
$v_{j\,y\mathrm{Min}}$	Minimal erreichbare laterale Geschwindigkeit des Egofahrzeugs im Propagationsschritt zum Zeitpunkt t_j
$v_{j\,y\,\inf}$	Minimal zulässige laterale Geschwindigkeit des Egofahrzeugs im Propagationsschritt zum Zeitpunkt t_j
$v_{j\,y\,\sup}$	Maximal zulässige laterale Geschwindigkeit des Egofahrzeugs im Propagationsschritt zum Zeitpunkt t_j
${}^{T}y$	Laterale Position des Egofahrzeugs am Ende Propagationsschritts
${}^{\gamma T}y$	Laterale Position des Egofahrzeugs beim Wechsel der Beschleunigungsrichtung während des Propagationsschritts
${}^{i}y_j$	Laterale Position i in der kinematischen Konfiguration $\mathcal{K}_j$ zum propagierten Zeitpunkt t_j
$y_{j\,\mathrm{Max}}$	Maximal erreichbare laterale Position des Egofahrzeugs am Ende des Propagationsschritts zum Zeitpunkt t_j
$y_{j\,\mathrm{Min}}$	Minimal erreichbare laterale Position des Egofahrzeugs am Ende des Propagationsschritts zum Zeitpunkt t_j
$y_{j\,\inf}$	Untere Grenze des Passierungstors $\mathcal{P}_j$: Minimal zulässige laterale Position des Egofahrzeugs im Propagationsschritt zum Zeitpunkt t_j
$y_{j\,\sup}$	Obere Grenze des Passierungstors $\mathcal{P}_j$: Maximal zulässige laterale Position des Egofahrzeugs im Propagationsschritt zum Zeitpunkt t_j
Δy_{Safe}	Lateraler Sicherheitsabstand zur Sperrfläche bzw. im Passierungstor
γ_j	Teilungsverhältnis beim Wechsel der Beschleunigungsrichtung im Propagationsschritt zum Zeitpunkt t_j

1 Einleitung

In den 1990er Jahren wurde von der schwedischen Regierung die „Vision Zero“ für den Straßenverkehr mit dem Ziel ausgesprochen, null Verkehrstote und null Schwerverletzte bis zum Jahr 2015 zu erreichen [Väg03]. Dies mag utopisch klingen. Dennoch beschreibt es die Philosophie, die seitdem immer stärker verfolgt wird. Der Mensch als Fahrer macht von Natur aus Fehler. Diese führen zwar nicht zwangsläufig zu einem Unfall, sollte dies aber dennoch geschehen, so sollte er mit einem geeigneten Eingriff eines Sicherheitssystem vor diesem Unfall bewahrt oder zumindest die Folgen auf ihn minimiert werden. Es existieren mittlerweile zahlreiche Assistenzsysteme in den verschiedensten Entwicklungsstufen, von Serienreife seit etlichen Jahren, beispielsweise ABS und ESP [Rob03], über aktuelle Markteinführungen, wie z. B. Fußgänger-Airbags [Aut12] bis hin zu Gegenstand der Forschung, z. B. ein Notausweichsystem [Stä07]. In [Bec06] findet sich eine einfache Klassifizierung der unterschiedlichen Systeme in aktive und passive, Komfort- und Sicherheitssysteme, die in Bild 1.1 dargestellt ist.

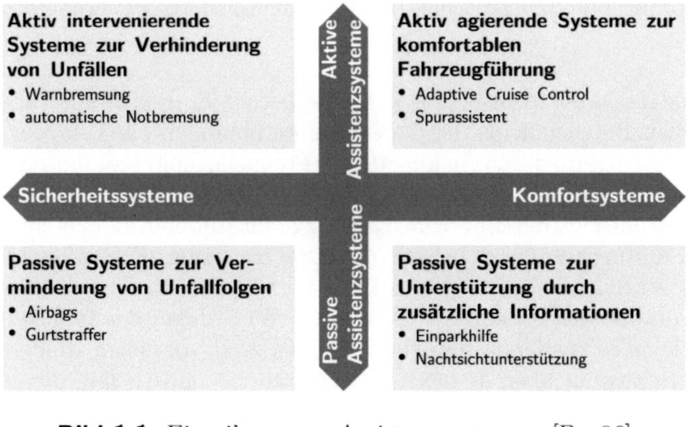

Bild 1.1: Einteilung von Assistenzsystemen [Bec06]

Je stärker die Systeme dabei in der Fahraufgabe unterstützen, desto sicherer und zuverlässiger müssen sie arbeiten. Insbesondere an die Sensorik werden an dieser Stelle große Anforderungen gestellt. Sollen die Systeme selbst die Verantwortung in der Fahrzeugführung übernehmen, so sind extrem niedrige Fehlauslöseraten nötig. Aus diesem Grund ist die vollständige und dauerhafte Übernahme der Fahraufgabe im öffentlichen Verkehr durch ein autonom arbeitendes System zurzeit noch nicht möglich, es werden aber zunehmend einzelne Fahraufgaben automatisiert, wie beispielsweise in der Quer- und Längsführung [Win12].

Neben der sensorischen Herausforderung ist die Planung der Fahraufgabe ein weiterer wesentlicher Punkt. Für einzelne Szenarien ist sie relativ leicht zu klären, wie beispielsweise bei einer automatischen Notbremsung vor einem einzeln voraus liegenden Hindernis. Sobald aber komplexe Szenarien mit mehreren beteiligten Objekten zu berücksichtigen sind und neben der Längsführung auch eine Querführung erforderlich ist, ergibt sich die neue Aufgabe der Trajektorienplanung. Die Ableitung von Fahrstrategien in solchen komplexen Situationen ist Kern dieser vorliegenden Arbeit. Aus diesem Grund sollen zunächst bekannte Verfahren zur Bahn- und Trajektorienplanung in dynamischer Umgebung vorgestellt werden.

In [Bra05] wird ein Planungsalgorithmus vorgestellt, der die Längs- und Querführung miteinander verbindet. Dazu wird ein „elastisches Band“ vor dem Fahrzeug hergeschoben, das aus virtuellen Federn zusammengesetzt ist. Dieses elastische Band wird durch quer verlaufende virtuelle Federn seitlich zu den beiden Fahrbahnrändern hin eingespannt. Den Hindernissen und übrigen Fahrzeugen, sowie den Fahrbahnrändern werden ein abstoßendes Potenzial zugeordnet, das auf die Knotenpunkte des elastischen Bands wirkt und dieses entsprechend zur einen oder anderen Seite verschiebt. Anhand dieser Verformung und der potenziellen Energie in den Federn lassen sich aus den Verknüpfungspunkten zwischen den virtuellen Federn Steuerungsgrößen berechnen.

Der Potenzialansatz ist nicht neu, u. a. wurde bereits in [Rei94] und [Ros04] mithilfe eines virtuellen Potenzialfelds der Versuch unternommen, ein Fahrzeug mittels an- und abstoßender Kräfte durch ein künstliches Potenzialgebirge zu führen, das über der Fahrbahn und dem Fahrzeug generiert wird. Die Idee geht dabei auf [Kha86] zurück, der es für die kollisionsfreie Bewegungsplanung von Robotern vorgeschlagen hat. Die Kräfte zur Führung werden dabei aus den Gradienten des Potenzialfelds berechnet. Dies stellt letztlich auch die Problematik des Verfahrens dar, denn die Bewegung wird durch die Vorgabe des Potenzialfelds erzeugt. Wird dabei der Gradient zu niedrig gewählt, so kann es passieren, dass das Fahrzeug zwar vor einem Hindernis zur Seite weicht, die Bewegung aber dennoch zu schwach ist und es mit diesem kollidiert. Darüber hinaus besteht die Gefahr, dass sich lokale Minima ausbilden, aus denen sich das Fahrzeug nicht mehr heraus bewegen kann. Durch Einführung einer virtuellen Masse und der damit verbundenen Trägheit versucht [Gul97] die sich ergebene Bahn zu glätten und eventuell entstehende Oszillationen mittels einer virtuellen Reibung zu dämpfen. Details zum Algorithmus finden sich in [Lat91].

In [Shi98a] wird das Konzept der „Velocity Obstacles“ eingeführt. Dazu werden die Hindernisse als Kreise betrachtet und durch deren Ausdehnung sogenannte Kollisionskegel aufgespannt, sodass die Spitze im Ort des Egoobjekts zusammen läuft. Anschließend wird dieser Kegel um den Geschwindigkeitsvektor des Hindernisses in der Ebene vom Egoobjekt aus verschoben. Weist der Geschwindigkeitsvektor des Egoobjekts nun in diesen Kegel, so kommt es zu einer Kollision, d. h. der Geschwindigkeitsvektor muss so verschoben werden, dass er nicht mehr innerhalb dieses Kegels liegt. Aus dem Abstand zum Rand des Kegels lässt sich die nötige Änderung ablesen, die jedoch nicht instantan möglich ist, sondern nur im Rahmen der kinematischen Vorgaben erfolgen kann. Das Verfahren lässt sich problemlos um zusätzliche Objekte ergänzen, indem deren Kollisionskegel, die sich auch teilweise überdecken können, ebenfalls berücksichtigt werden. Nachteilig an dem Verfahren ist, dass nicht von vornherein erkennbar ist, ob eine Kollision vermieden werden kann, sondern dies nur iterativ durch die diskrete Entwicklung des Szenarios und die Änderung der Geschwindigkeitsrichtung überprüft werden kann.

In [Lat91] finden sich noch weitere Bewegungsplanungsalgorithmen, die jedoch nur auf nicht bewegten Objekte funktionieren, wie „Exact Cell Decomposition“, das ein sehr einfaches Verfahren darstellt, indem die Eckpunkte der Hindernisse miteinander verbunden werden und einen Graphen aufspannen. Die Bewegungsplanung stellt nun die Suche des kürzesten Pfads in diesem Graphen vom Start- zum Zielpunkt dar. Darüber hinaus gibt es weitere Ansätze, zur Berechnung eines geeigneten kollisionsfreien Pfads vor nur einem voraus liegenden Hindernis. Darauf wird in den beiden nachfolgenden Kapiteln detaillierter eingegangen.

2 Ideale Kollisionsvermeidung für ein einzelnes Hindernis

Eingangs soll die Frage des letztmöglichen, fahrbaren Manövers zur Kollisionsvermeidung mit einem einzelnen voraus liegenden Hindernis diskutiert werden. Dazu wird zunächst mit einem einfachen Ansatz begonnen, um die grundsätzlichen Erkenntnisse zur letztmöglichen Kollisionsvermeidung und des benötigten Manövers herzuleiten.

2.1 Bekannte Kollisionsvermeidungs- und Ausweichmanöver

Lange Zeit war unter Fachleuten die Meinung verbreitet, dass ein unverzögerter Ausweichvorgang stets einen kürzeren Weg benötigt als ein Bremsvorgang und diesem daher zur Kollisionsvermeidung vorzuziehen ist. Dies wurde in [Wie82] widerlegt, indem der Lenkeingriff unter Vernachlässigung sämtlicher fahrphysikalischer Randbedingungen als eine Bewegung mit maximaler Beschleunigung quer zur ursprünglichen Bewegungsrichtung und der Bremsvorgang als maximale Verzögerung längs der Bewegungsrichtung angenommen wurde. Es konnte gezeigt werden, dass für niedrige Geschwindigkeiten ein konstanter Bremseingriff unter Ausnutzung des maximalen Kraftschlusses weniger Weg benötigt, also näher vor dem Hindernis erfolgen kann als ein Lenkeingriff. Anhand des gleichen Bewegungsmodells schlug [All87] eine alternative Darstellung vor, in der die Zeit bis zur Kollision in Abhängigkeit von der Relativgeschwindigkeit aufgetragen wird. Von entscheidender Bedeutung ist daher die Beantwortung der Frage, in welchen Fällen ein Lenkeingriff und in welchen ein Bremseingriff als letztes Manöver zur Kollisionsvermeidung zu wählen ist.

Die intuitive Annahme einer maximalen Querbeschleunigung wird in [Shi98b] nochmals bekräftigt. Dort wird das Kollisionsvermeidungsmanöver als ein Optimierungsproblem beschrieben. Unter Vernachlässigung der fahrphysikalischen Randbedingungen ergibt sich als Lösung wiederum die maximale Querbeschleunigung quer zur ursprünglichen Bewegungsrichtung. Interessiert nicht nur das letzte Manöver zur Vermeidung der Kollision, sondern soll darüber hinaus auch gewährleistet sein, dass das Fahrzeug die Fahrbahn nicht verlässt und am Ende wieder in die ursprüngliche

Richtung orientiert ist, so ergibt sich das Ausweichmanöver im Sinne eines Spurwechsels. Sehr häufig wird dafür der doppelte Kreisbogen angesetzt, so bestimmen z. B. [Kop00], [Ame02] und [Dit03] den letztmöglichen Punkt der Kollisionsvermeidung anhand einer Kreisbahn, deren Radius sich aus dem maximal übertragbaren Kraftschluss ergibt.

Diese Ansätze gehen von einer konstanten Geschwindigkeit aus, also dass das Manöver ausschließlich durch einen Lenkeingriff gefahren wird. Hingegen werden in [And97] Simulationen zum kombinierten Lenken und Bremsen für gewählte Beschleunigungsprofile durchgeführt und einander gegenüber gestellt. In [Mar00] wird eine Regelungsvorschrift hergeleitet, die mittels eines kombinierten Brems-Lenkeingriffs den mittleren Radius der gefahrenen Strecke minimiert. Dabei wird das Fahrzeug am maximalen Kraftschluss geführt und durch die Reduktion der Geschwindigkeit lässt sich der Kurvenradius bei gleicher Querbeschleunigung verringern. In [Hor04] wird ein Ausweichmanöver vorgeschlagen, das gezielt die Summe der Radlasten minimieren soll. Die Validierung mit einem Fahrzeugmodell zeigt dabei interessanterweise einen deutlich kleineren Schwimmwinkel von mehreren Grad in Abhängigkeit der Gierrate.

2.2 Kollisionsvermeidung durch Bremsen oder Lenken

Ein Lenkmanöver zur Vermeidung einer Kollision mit einem einzelnen Hindernis kann als optimal bezeichnet werden, wenn unter Ausnutzung der fahrphysikalischen Grenzen der Abstand zum Hindernis zu Beginn dieses hochdynamischen Manövers minimiert wird. Bevor die Frage nach der optimalen Fahrstrategie zur Kollisionsvermeidung unter fahrdynamischen Randbedingungen beantwortet werden kann, sollen zunächst einleitend anhand eines einfachen Szenarios und mithilfe eines Massepunktmodells ohne Berücksichtigung der Fahrzeuggeometrien grundsätzliche Erkenntnisse zum Lenken und zum Bremsen gewonnen werden. Dazu wird angenommen, dass ein Fahrzeug E, im Folgenden auch als Egofahrzeug bezeichnet, mit der Geschwindigkeit v_0 auf ein Hindernis in Form eines stehenden Fahrzeugs V_1 auffährt, wie es in Bild 2.1 dargestellt ist. Zur sicheren Kollisionsvermeidung muss das Egofahrzeug auf der longitudinalen Position x_H des Hindernisses entweder zum Stehen kommen oder aber eine laterale Position von y_H erreichen. Die folgende Betrachtung ist ohne Weiteres auch auf konstant bewegte Hindernisse mit der Geschwindigkeit $v_{x\,V1}$ übertragbar. In diesem Fall ist lediglich die Relativgeschwindigkeit $v_0 - v_{x\,V1}$ zwischen beiden Fahrzeugen zu wählen.

Das verwendete Bewegungsmodell verzichtet auf eine Berücksichtigung der gegenseitigen Beeinflussung zwischen Längs- und Querbeschleunigung a_x und a_y. Daher lässt sich die Bewegung orthogonal in Längs- und Querrichtung zerlegen, sodass die kinematischen Gleichungen für das Lenken und das Bremsen leicht angegeben werden

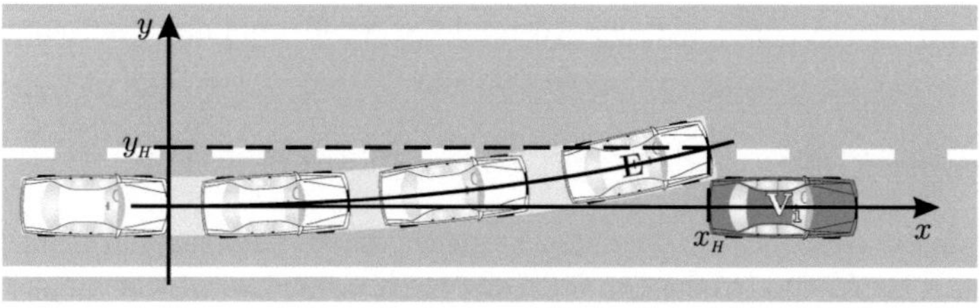

Bild 2.1: Kollisionsszenario

können. Entsprechend dem gewählten Koordinatensystem des Bilds 2.1 gelten die folgenden kinematischen Gleichungen für die longitudinale und laterale Position x und y des Egofahrzeugs in Abhängigkeit der Zeit t:

- **Lenken** ($a_x = 0$):

$$x = v_0 t \tag{2.1}$$

$$y = \frac{1}{2} a_y t^2 \tag{2.2}$$

$$v_x = v_0 = \text{const.} \tag{2.3}$$

- **Bremsen** ($a_y = 0$):

$$x = v_0 t + \frac{1}{2} a_x t^2, \quad a_x < 0 \tag{2.4}$$

$$y = 0 \tag{2.5}$$

$$v_x = v_0 + a_x t \; . \tag{2.6}$$

Die Längsgeschwindigkeit v_x bleibt aufgrund des beschriebenen Bewegungsmodells beim Lenken unverändert und entspricht der Startgeschwindigkeit v_0, beim Bremsen nimmt sie mit der gewählten Verzögerung a_x ab. Betrachtet man zunächst den Lenkvorgang, dann muss sich das Egofahrzeug E auf Höhe x_H des Hindernisses V_1 mindestens um die Distanz y_H zur Seite bewegt haben. Eliminiert man die Zeit t in den Bewegungsgleichungen für das Lenken (2.1), (2.2), so folgt, dass der Lenkvorgang in der Entfernung $x_{H,\,\text{Lenken}}$ zum Hindernis beginnen muss:

$$x_{H,\,\text{Lenken}} = v_0 \sqrt{\frac{2 y_H}{a_y}} \; . \tag{2.7}$$

Für den Bremsvorgang muss das Egofahrzeug auf Höhe des Hindernisses zum Stehen kommen, d. h. $v_x = 0$ muss erreicht werden. Löst man Gleichung (2.6) nach t auf und setzt in (2.4) ein, so ergibt sich der Abstand für den Beginn des Bremsmanövers zu:

$$x_{H,\,\text{Bremsen}} = \frac{v_0^2}{2a_x}\,. \tag{2.8}$$

Werden nun die Ausdrücke (2.7) und (2.8) gleichgesetzt, lässt sich die Grenzgeschwindigkeit v_{Grenz} ermitteln, bei der ein Wechsel zwischen den beiden letztmöglichen Kollisionsvermeidungsmanövern stattfindet und der im Abstand x_{Grenz} vor dem Hindernis erfolgt:

$$v_{\text{Grenz}} = 2a_x\sqrt{\frac{2y_H}{a_y}} \tag{2.9}$$

$$x_{\text{Grenz}} = 4y_H\frac{a_x}{a_y}\,. \tag{2.10}$$

Ist das Egofahrzeug nun langsamer als die Grenzgeschwindigkeit v_{Grenz}, so muss das letztmögliche Manöver eine Vollbremsung sein, da $x_{H,\,\text{Bremsen}} < x_{H,\,\text{Lenken}}$ für $v_0 < v_{\text{Grenz}}$ gilt. Ist das Egofahrzeug hingegen schneller, so muss es ein Lenkmanöver sein, da der Hindernisabstand $x_{H,\,\text{Lenken}}$ beim Lenken entsprechend Gleichung 2.7 nur linear und somit weniger stark mit der Geschwindigkeit zunimmt ($x_{H,\,\text{Bremsen}} > x_{H,\,\text{Lenken}}$). In Bild 2.2 sind die Verläufe für die minimalen Hindernisabstände für beide Manöver qualitativ dargestellt. Der Schnittpunkt, der die Grenzgeschwindigkeit v_{Grenz} markiert, ist offensichtlich.

Interessant ist, dass sich das Szenario in vier Bereiche unterteilen lässt, aus denen sich das vorzuziehende Kollisionsvermeidungsmanöver ablesen lässt:

- **Bereich 1:** Die Kollision ist unvermeidbar.
- **Bereich 2:** Die Kollision ist nur durch Bremsen zu vermeiden.
- **Bereich 3:** Die Kollision ist nur durch Lenken zu vermeiden.
- **Bereich 4:** Die Kollision ist sowohl durch Bremsen als auch durch Lenken zu vermeiden.

Alternativ zum Hindernisabstand x_H lässt sich die Zeit t_{ttc} bis zur Kollision mit dem Hindernis, die häufig als TTC (*Time-to-Collision*) bezeichnet wird, betrachten. Diese ergibt sich aus der Bewegungsgleichung des Lenkens (2.2) bis zum Erreichen der Hindernisbreite y_H zu

$$y \stackrel{!}{=} y_H \quad\Rightarrow\quad t_{ttc,\,\text{Lenken}} = \sqrt{\frac{2y_H}{a_y}} \tag{2.11}$$

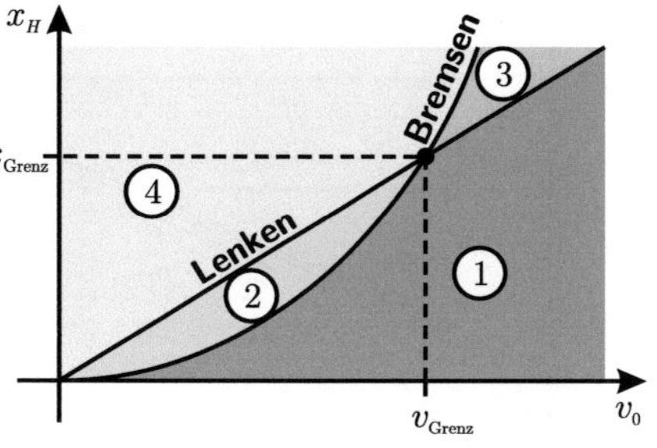

Bild 2.2: Ausweich- und Bremsmanöver nach [Wie82]

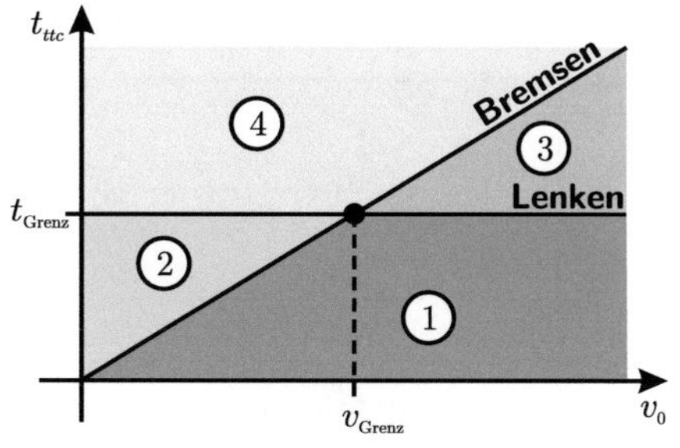

Bild 2.3: Ausweich- und Bremsmanöver nach [All87]

und ist interessanterweise konstant, d. h. unabhängig von der Geschwindigkeit des Egofahrzeugs. Hingegen ergibt sich für das Bremsmanöver die Zeit bis zur Kollision $t_{ttc,\,\text{Bremsen}}$, wenn in der Annäherung zum Hindernis bei Unterschreiten der Entfernung $x_{H,\,\text{Bremsen}}$ unverzögert weitergefahren werden würde, mittels Gleichung (2.8):

$$t_{ttc,\,\text{Bremsen}} = \frac{x_{H,\,\text{Bremsen}}}{v_0} = \frac{v_0}{2a_x} \,. \tag{2.12}$$

Die Betrachtung der TTC in Abhängigkeit der Geschwindigkeit geht auf [All87] zurück und ist in Bild 2.3 schematisch dargestellt. Es sind wiederum die vier bekannten Bereiche des jeweils kollisionsvermeidenden Manövers zu erkennen, die sich durch den Schnittpunkt der Brems- und der Lenkkurve ergeben. Auch aus dieser Darstellung wird deutlich, dass für niedrige Geschwindigkeiten ein Bremsen vorzuziehen ist und erst für Geschwindigkeiten oberhalb der Grenze v_{Grenz} Lenken noch nach dem letzten Bremsen erfolgen kann. Wird die Grafik um die jeweiligen Grenzen für Bremsen und Lenken im Komfortbereich, die für jeden Fahrer sicherlich unterschiedlich sind, ergänzt, so ließen sich die Bereiche noch feiner in „Komfort“, „sportlich bis fahrphysikalische Grenze“ und „Kollision“ unterteilen.

Für gewöhnlich bewegt sich das Egofahrzeug nicht exakt mit der Grenzgeschwindigkeit v_{Grenz}, sondern ist schneller oder langsamer unterwegs, sodass das letzte Lenkmanöver entweder nach oder vor dem letzten Bremsmanöver beginnen muss. Im ersten Fall $v_0 > v_{\text{Grenz}}$ lässt sich hinter dem letzten kollisionsvermeidenden Bremspunkt noch ein Zusammenstoß mit dem Hindernis mithilfe eines Lenkmanövers verhindern. Im zweiten Fall $v_0 < v_{\text{Grenz}}$ ist es genau umgekehrt und die Kollision kann nach dem letzten Lenkpunkt noch mit Bremsen vermieden werden. Daher ist bei einer kontinuierlichen Annäherung des Egofahrzeugs zum Hindernis der örtliche und zeitliche Vorteil, den das eine Manöver gegenüber dem anderen aufweist, von besonderer Be-

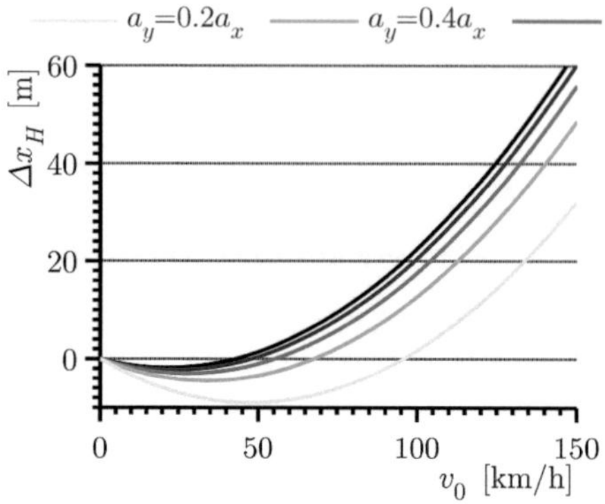

Bild 2.4: Ortsdifferenz zwischen letztmöglichem Lenken und Bremsen ($y_H = 1,8\,\mathrm{m}$, $a_x = 9,81\,\mathrm{m/s^2}$)

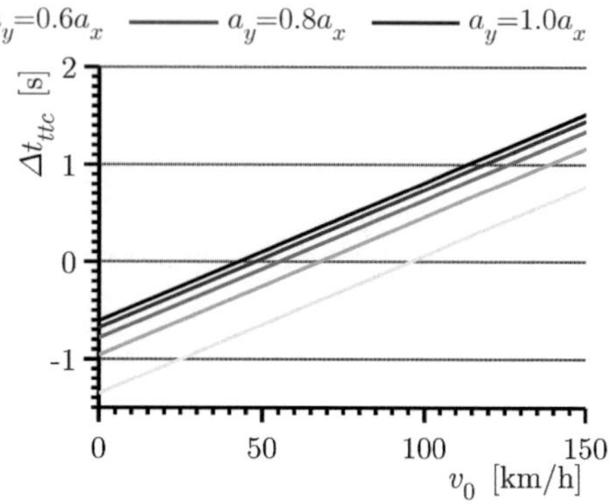

Bild 2.5: Zeitdifferenz zwischen letztmöglichem Lenken und Bremsen ($y_H = 1,8\,\mathrm{m}$, $a_x = 9,81\,\mathrm{m/s^2}$)

deutung. Die Differenzen zwischen den Hindernisabständen $x_{H,\,\mathrm{Bremsen}}$ und $x_{H,\,\mathrm{Lenken}}$ ergeben sich zu:

$$\begin{aligned}\Delta x_H &= x_{H,\,\mathrm{Bremsen}} - x_{H,\,\mathrm{Lenken}} \\ &= v_0 \left(\frac{v_0}{2a_x} - \sqrt{\frac{2y_H}{a_y}} \right) \end{aligned} \tag{2.13}$$

$$\begin{aligned}\Delta t_{ttc} &= \frac{\Delta x_H}{v_0} \\ &= \frac{v_0}{2a_x} - \sqrt{\frac{2y_H}{a_y}} \,. \end{aligned} \tag{2.14}$$

Im Fall eines Bremsens als letztmögliches kollisionsvermeidendes Manöver würde somit der Nutzen negativ werden, da $x_{H,\,\mathrm{Bremsen}}$ kleiner $x_{H,\,\mathrm{Lenken}}$ ist. Die Bilder 2.4 und 2.5 zeigen beispielhaft diesen Nutzen für ein Hindernis mit der typischen Breite eines Fahrzeugs von $y_H = 1,8\,\mathrm{m}$ anhand der beiden schwarzen Kurven ($a_y = 1,0\,a_x$). Erwartungsgemäß nimmt der Nutzen des Lenkmanövers mit der Geschwindigkeit deutlich zu.

Idealerweise können Quer- und Längsbeschleunigungen a_y und a_x, wenn sie nicht gleichzeitig gefahren werden, betragsmäßig gleich groß sein. In diesem Fall spricht man von einer isotropen Beschleunigungsverteilung. Tatsächlich aber überträgt im realen Fahrzeug der Reifen immer auch eine Längskraft, die im einfachsten Fall nur aus der Rollreibung aufgrund der Latschverformung besteht, aber darüber hinaus in

Kurvenfahrten durch den Reifenschräglauf eine zusätzliche Längskomponente erhält. Allerdings ist der Normalfahrer jedoch bei weitem nicht in der Lage, die gleiche Beschleunigung in Querrichtung zu fahren wie in Längsrichtung. In [Sch82] und [Sch85] wurde anhand von Fahrversuchen versucht, die vom Fahrer als maximal „sicher" empfundene Zentrifugalbeschleunigung zu ermitteln, die man daher auch als fahrpsychologische Grenze betrachten kann. Dazu sollten die Versuchspersonen sich in einer stationären Kreisfahrt [Sch82] und in einem Spurwechselmanöver [Sch85] an die Querbeschleunigungen herantasten, die sie sich maximal zutrauten zu fahren. Bei der stationären Kreisfahrt lag der Maximalwert über sämtliche Versuche und Fahrer bei ca. $4,5\,\mathrm{m/s^2}$, allerdings offenbarte sich eine starke Abhängigkeit der maximalen Querbeschleunigung von der Geschwindigkeit, da diese nur in einem Bereich um $50\,\mathrm{km/h}$ erreicht bzw. gefahren wurde. Dahingegen zeigte sich diese signifikante Abhängigkeit bei Spurwechselmänövern nicht, dafür verringerte sich die maximal als sicher empfundene Querbeschleunigung jedoch massiv auf ca. $2\,\mathrm{m/s^2}$, was insbesondere auf unangenehme Einschwingvorgänge am Ende des Spurwechsels zurückgeführt werden konnte. Im Bild 2.6 sind die ermittelten Verläufe der Zentrifugalbeschleunigungen grafisch zusammengefasst. Sicherlich erlauben die Fahrwerke moderner Automobile eine spürbar agilere Fahrweise gegenüber der in dieser relativ alten Untersuchung verwendeten Fahrzeuge. Denn [Bie99] zeigt, dass sportliche Fahrer durchaus in die Nähe der maximalen Querbeschleunigung von $9,81\,\mathrm{m/s^2}$ kommen können und auch ein „normaler" Fahrer Spitzen von etwa $4\,\mathrm{m/s^2}$ erreicht. Im Mittel wird jedoch eine Querbeschleunigung von $2\,\mathrm{m/s^2}$ nicht überschritten, was in etwa $0,2\,a_x$ entspricht und in den Bildern 2.4 und 2.5 jeweils durch die hellste Kurve verdeutlicht wird. Durch entsprechende Fahrdynamiksicherheitssysteme sind auch für Normalfahrer die Fahrzeuge mittlerweile im Grenzbereich beherrschbar und stabilisierbar geworden, in den sie aber für gewöhnlich nur durch einen Fahrfehler bzw. durch gezieltes Provozieren des Systemeingriffs gelangen, denn weniger durch reines Fahrkönnen. Daher muss es ein entscheidendes Ziel sein, die fahrpsychologische Grenze in kritischen Situationen zu überschreiten, um eine bevorstehende Kollision zu verhindern. Obwohl an dieser Stelle fahrdynamische Aspekte nicht betrachtet werden, sollen die Erkenntnisse von [Sch85] im Bewegungsmodell berücksichtigt und ein anisotropes Beschleunigungsvermögen für die weitere Diskussion zugrunde gelegt werden. Dazu wird das Beschleunigungsverhältnis

$$a_y = \varepsilon a_x, \quad \varepsilon \in (0,1] \tag{2.15}$$

definiert und in Gleichung (2.13) und (2.14) substituiert:

$$\Delta x_H = v_0 \left(\frac{v_0}{2a_x} - \frac{1}{\sqrt{\varepsilon}} \sqrt{\frac{2y_H}{a_x}} \right) \tag{2.16}$$

$$\Delta t_{ttc} = \frac{v_0}{2a_x} - \frac{1}{\sqrt{\varepsilon}} \sqrt{\frac{2y_H}{a_x}} \,. \tag{2.17}$$

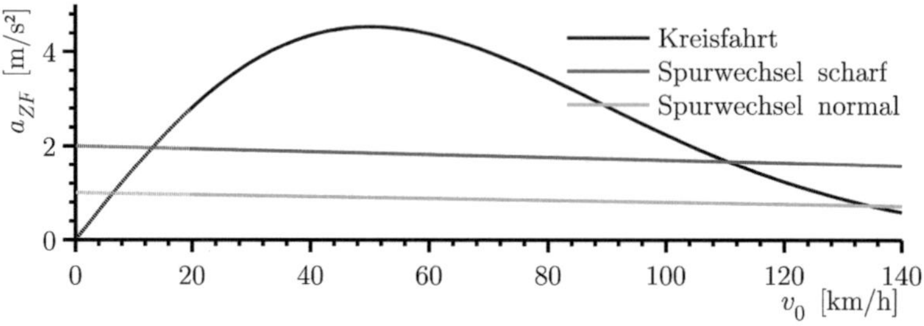

Bild 2.6: Maximale Zentrifugalbeschleunigungen eines Normalfahrers [Sch85]

Die Grenzgeschwindigkeit v_{Grenz} verschiebt sich für $\varepsilon < 1$ zu höheren Werten. Substituiert man a_y und bildet die Differenz gegenüber einem isotropen Beschleunigungsvermögen, folgt die Änderung der Grenzgeschwindigkeit mittels Gleichung 2.9 zu:

$$\begin{aligned}
\Delta v_{\text{Grenz}} &= \underbrace{v_{\text{Grenz,aniso}}}_{a_y=\varepsilon a_x} - \underbrace{v_{\text{Grenz,iso}}}_{a_y=a_x} \\
&= 2a_x\sqrt{\frac{2y_H}{\varepsilon a_x}} - 2a_x\sqrt{\frac{2y_H}{a_x}} \\
&= 2\sqrt{2y_H a_x}\left(\frac{1}{\sqrt{\varepsilon}} - 1\right) . \qquad (2.18)
\end{aligned}$$

Normiert man diesen Ausdruck abschließend auf $v_{\text{Grenz,iso}}$, so ergibt sich die relative Änderung der Grenzgeschwindigkeit in Abhängigkeit der Anisotropität ε zu:

$$\frac{\Delta v_{\text{Grenz}}}{v_{\text{Grenz,iso}}} = \left(\frac{1}{\sqrt{\varepsilon}} - 1\right) . \qquad (2.19)$$

Geht man beispielsweise von einer maximalen Querbeschleunigung von $a_y = 2\,\text{m/s}^2$ eines Spurwechselmanövers aus, ergibt sich bei einer Längsbeschleunigung von $a_x = 9{,}81\,\text{m/s}^2$ ein Verhältnis von $\varepsilon \approx 0{,}2$ und somit eine um den Faktor $1{,}24$ größere Grenzgeschwindigkeit. Das bedeutet erwartungsgemäß, je weniger Querbeschleunigung der Fahrer fähig ist zu fahren, desto geringer ist folglich auch der örtliche bzw. zeitliche Nutzen durch das letzte Lenkmanöver. Dieser Sachverhalt zeigt sich in den Bildern 2.4 und 2.5, indem der Nutzen für verschiedene Querbeschleunigungen aufgetragen ist. Man erkennt deutlich, wie dieser mit steigender Anisotropität abnimmt bzw. sich zu höheren Geschwindigkeiten hin verschiebt. Das Bremsen stellt somit für den Fahrer entsprechend seiner fahrpsychologischen Grenze für einen deutlich größeren Geschwindigkeitsbereich das letzte Kollisionsvermeidungsmanöver dar, obwohl in diesen Fällen ein späteres Lenken noch möglich wäre.

Abschließend lässt sich daher ein Assistenzsystem motivieren, das den Fahrer ab dem Überschreiten des Orts des letztmöglichen Bremsens unterstützt. Denn nach dem Überschreiten dieses Orts fühlt sich der Fahrer in keinem Fall mehr in der Lage, die Kollision durch Lenkeingriff zu vermeiden, da er eine größere Querbeschleunigung fahren muss, als er sich zutrauen würde.

2.3 Kollisionsvermeidung durch kombiniertes Bremsen und Lenken

Im vorherigen Abschnitt 2.2 wurden Brems- und Lenkeingriff getrennt voneinander betrachtet. Daher stellt sich an dieser Stelle die Frage, ob das letztmögliche Kollisionsvermeidungsmanöver bei Geschwindigkeiten oberhalb von v_{Grenz} tatsächlich ein reiner Lenkeingriff entsprechend Gleichung (2.2) ist oder ob eventuell eine geeignete Kombination aus Bremsen und Lenken eine noch weitere Annäherung an das Hindernis erlaubt. Die Frage konnte bereits in [Sch05] beantwortet werden, wird aber hier nochmals ausführlich aufgegriffen und detaillierter untersucht. Die maximal erreichbare Querposition des Egofahrzeugs E im Szenario des Bilds 2.1 bei minimaler Längsposition wird für die Antwort mithilfe eines einfachen Bewegungsmodells beschrieben.

2.3.1 Erreichbares Aufenthaltsgebiet des Egofahrzeugs

Zur Bestimmung des letztmöglichen Kollisionsvermeidungsmanövers wird eine geeignete, zeitabhängige Verteilung der Längs- und Querbeschleunigung des Egofahrzeugs gesucht. Die Beschleunigung liegt somit innerhalb bzw. maximal auf dem Rand des Kammschen Kreises [Mit04], der besagt, dass das Beschleunigungsvermögen a_0 des Egofahrzeugs isotrop und somit unabhängig von der Fahrtrichtung ist:

$$\mathbb{D}_{KK} := \left\{ \begin{pmatrix} a_x \\ a_y \end{pmatrix} \in \mathbb{R}^2 \middle| a_x^2 + a_y^2 = a_0^2 \right\} . \tag{2.20}$$

Der Winkel $\zeta(t)$ beschreibt die Beschleunigungsrichtung über der Zeit:

$$a_x(t) = a_0 \cos \zeta(t) \tag{2.21}$$

$$a_y(t) = a_0 \sin \zeta(t) . \tag{2.22}$$

Das Bild 2.7 veranschaulicht die Lage. Das maximal erreichbare Gebiet des Egofahrzeugs E zum Zeitpunkt t lässt sich durch die zweimalige Integration des Kammschen

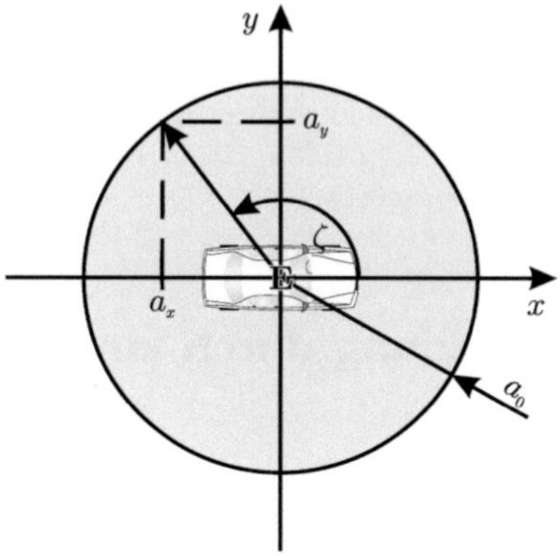

Bild 2.7: Lage des Beschleunigungsvektors auf dem Kammschen Kreis

Kreises auf sich kontinuierlich ausdehnende Kreise abbilden. Es ergibt sich ein Aufenthaltsgebiet Ω, indem sich das Egofahrzeug unter Berücksichtigung der Startgeschwindigkeit v_0 und dem maximalen Beschleunigungsvermögen a_0 für jede beliebige Bewegung befinden muss:

$$\begin{aligned} \Omega(t): \quad t \in \mathbb{R}^{\geq 0} &\rightarrow (x,y) \in \mathbb{R}^2 \\ t &\mapsto F(x,y,t) \leq 0 \\ & F(x,y,t) := (x - v_0 t)^2 + y^2 - \left(\frac{1}{2} a_0 t^2\right)^2 . \end{aligned} \quad (2.23)$$

Offensichtlich wird das Aufenthaltsgebiet $\Omega(t)$ durch eine Kreisschar $F(x,y,t)$ beschrieben, vgl. Bild 2.8. Hat das Egofahrzeug ausschließlich mit maximaler Verzögerung gebremst, so kommt es zum Zeitpunkt $t = v_0/a_0$ zum Stehen und würde beginnen, sich fortan rückwärts zu bewegen. Die Kreise würden sich nun auch nach links entgegen der ursprünglichen Richtung ausdehnen. Anhand des Aufenthaltsgebiets $\Omega(t)$ lassen sich die folgenden Punkte postulieren:

- Bis zum Beginn der Rückwärtsbewegung ergibt sich eine scharfe Grenze des Aufenthaltsgebiets:

  $$0 \leq t \leq \frac{v_0}{a_0}: \quad y_{\partial\Omega}(x) := \text{Rand}\left\{\Omega(t)\right\} , \quad (2.24)$$

  die theoretisch den bestmöglichen Lenkvorgang beschreibt, da es nicht möglich ist, einen Ort außerhalb dieser einhüllenden Kurve zu erreichen.

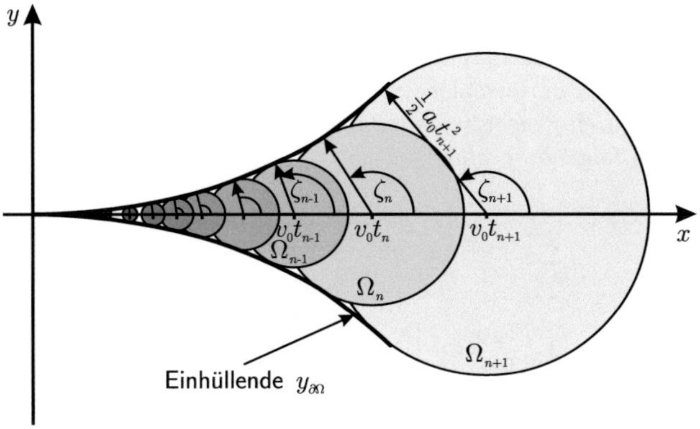

Bild 2.8: Schar der Aufenthaltsräume

Die Einhüllende einer beliebigen Kurvenschar $F(x, y, t)$ lässt sich bekanntlich berechnen, indem der Scharparameter t in den Gleichungen

$$F(x, y, t) = 0 \qquad \text{und} \qquad \frac{\partial}{\partial t} F(x, y, t) = 0 \tag{2.25}$$

eliminiert wird [Stö95]. Angewandt auf die Kreisschar der Aufenthaltsgebiete nach Gleichung (2.23) führt die partielle Ableitung nach der als formalen Scharparameter angenommenen Zeit t auf die kubische Gleichung, deren allgemeiner Lösungsweg ebenfalls in [Stö95] zu finden ist:

$$\frac{\partial}{\partial t} F(x, y, t) = t^3 - 2\left(\frac{v_0}{a_0}\right)^2 t + \frac{2v_0}{a_0^2} x \stackrel{!}{=} 0 \, . \tag{2.26}$$

Entsprechend der Lösung für kubische Gleichungen ergibt sich die Diskriminante aus den Koeffizienten des Polynoms zu

$$D = \frac{v_0^2}{a_0^4}\left(x^2 - \frac{8}{27}\frac{v_0^4}{a_0^2}\right) , \tag{2.27}$$

die für $v_0 > \sqrt[4]{\frac{27}{8}}\sqrt{a_0 x}$ kleiner null ist und somit die Gleichung drei verschiedene reelle Lösungen besitzt:

$$t_{1,2,3} = (-1)^n \sqrt{\frac{2}{3}}\frac{v_0}{a_0} \cos\left(\frac{\xi + n\pi}{3}\right) , \quad n = -1,\, 0,\, 1 \tag{2.28}$$
$$\text{mit } \xi := \arccos\left(\frac{-3a_0 x}{2v_0^2}\sqrt{\frac{3}{2}}\right) .$$

Nur die dritte Lösung für $n = 1$ erfüllt die Forderung, dass im Startpunkt der Aufenthaltsgebiete die Bedingung $x = y = t = 0$ nicht verletzt wird. Die Zeit t stellt nur noch einen formalen Parameter dar und wird daher für eine bessere Abgrenzung durch τ ersetzt, sodass man schlussendlich für die Beschreibung der Einhüllenden folgende Form erhält:

$$\begin{aligned} y_{\partial\Omega}^2(x) &= \left(\frac{1}{2}a_0\tau^2\right)^2 - (x - v_0\tau)^2 \\ \tau &= -2\sqrt{\frac{2}{3}}\frac{v_0}{a_0}\cos\left[\frac{\pi}{3} + \frac{1}{3}\arccos\left(-\sqrt{\frac{3}{2}}\frac{3\,a_0 x}{2\,v_0^2}\right)\right] \end{aligned} \tag{2.29}$$

Aus dem Gültigkeitsbereich $\mathbb{D}_{\text{arccos}}$ der Arkuscosinus-Funktion folgt sogleich der Definitionsbereich $\mathbb{D}_{\partial\Omega}$ der Einhüllenden:

$$\mathbb{D}_{\partial\Omega} := \left\{ x \in \mathbb{R} \;\middle|\; 0 \le x \le \frac{2}{3}\sqrt{\frac{2}{3}}\frac{v_0^2}{a_0} \right\} \tag{2.30}$$

Die Definitionsgrenze ist um den Faktor $\frac{4}{3}\sqrt{\frac{2}{3}}$ größer als die Distanz $x_{H,\text{Bremsen}}$, vgl. Gleichung (2.8), die das Egofahrzeug bei maximaler Verzögerung bis zum Stillstand benötigen würde.

- Aus dem Bild 2.8 wird sofort ersichtlich, dass eine maximale Beschleunigung in y-Richtung ($\zeta = \pm\frac{\pi}{2}$) nicht auf den maximal erreichbaren Querabstand bei minimaler Distanz in Längsrichtung führt. Denn die zugehörige Trajektorie schneidet die Kreise immer im obersten Punkt und liegt folglich innerhalb der Einhüllenden $y_{\partial\Omega}$.

- Die Einhüllende kann nur erreicht werden, wenn **konstant** in eine Richtung beschleunigt wird. Bei einer minimalen Änderung der Beschleunigungsrichtung ist die Bewegung innerhalb der Kreise nicht mehr radial und kann somit nicht mehr auf den Rand der Kreise führen, sondern es ist nur noch ein Aufenthalt **innerhalb** der Kreise möglich. Das Gleichheitszeichen in Gleichung (2.23) gilt also nur für den Fall:

  $$\zeta(t) = \zeta = \text{konst.} \qquad a_x(t) = a_x = a_0\cos\zeta \qquad a_y(t) = a_y = a_0\sin\zeta$$

- Die Einhüllende $y_{\partial\Omega}$ ist **nicht** fahrbar. Dies kann mit einem Widerspruchsbeweis gezeigt werden:

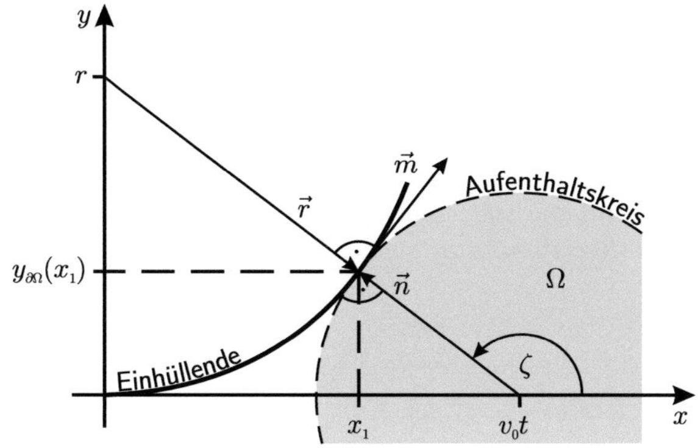

Bild 2.9: Geometrische Konstruktion der Einhüllenden

Annahme: *Es existiert mindestens ein Funktionenpaar $(a_x(t), a_y(t))$, sodass die allgemeinen Bewegungsgleichungen exakt entlang der Einhüllenden $y_{\partial\Omega}(x)$ laufen.*

$$\forall t \in \mathbb{R} \quad \exists (a_x(t), a_y(t)) \in \mathbb{D}_{KK} : \left. \begin{aligned} x(t) &= \int_{\tau_2=0}^{t} \int_{\tau_1=0}^{\tau_2} a_x(\tau_1)\, d\tau_1 + v_0 \, d\tau_2 \\ y(t) &= \int_{\tau_2=0}^{t} \int_{\tau_1=0}^{\tau_2} a_y(\tau_1)\, d\tau_1 \, d\tau_2 \end{aligned} \right\} \Leftrightarrow \quad y_{\partial\Omega}(x(t)) = y(t)$$

Beweis: *Die Einhüllende $y_{\partial\Omega}(x)$ begrenzt die Schar der Aufenthaltskreise. Jeder Punkt auf der Einhüllenden ist somit exakt einem und genau einem Aufenthaltskreis zugeordnet, vgl. Bild 2.9.*

Der Radius n des Aufenthaltskreises ergibt sich aus dem Normalenvektor $\vec{n}$ bekanntlich zu:

$$n = |\vec{n}| = \frac{1}{2} a_0 t^2$$

Aufgrund der Bewegung an der fahrphysikalischen Grenze folgt weiter:

$$\underbrace{\left(\frac{\partial^2 |\vec{n}|}{\partial t^2}\right)^2}_{=a_0^2} + \left(\frac{\partial^2 |\vec{m}|}{\partial t^2}\right)^2 \equiv a_0^2$$

Somit kann keine Beschleunigung mehr in Tangentialrichtung $\vec{m}$ erfolgen. Die Bahngeschwindigkeit muss also über die gesamte Einhüllende konstant sein.

$$\frac{\partial^2|\vec{m}|}{\partial t^2} = 0 \quad \Leftrightarrow \quad v_0 = \text{konst.}$$

Da die Beschleunigung stets zentripetal wirkt, kann die Einhüllende aber ausschließlich eine Kreisbahn sein:

$$\left.\begin{matrix} \vec{a} \perp \vec{m} \\ |\vec{a}| = a_0 \end{matrix}\right\} \quad \Leftrightarrow \quad \textit{Kreisbahn}$$

Dann folgt der Radius $r = |\vec{r}|$ der Kreisbahn sofort zu:

$$a_0 = a_{ZF} = \frac{v_0^2}{r} \quad \Leftrightarrow \quad r = \frac{v_0^2}{a_0}$$

Folglich muss zu allen Zeitpunkten stets die geometrische Addition gelten, wie sie im Bild 2.9 skizziert ist:

$$\begin{aligned} r^2 + (v_0 t)^2 &\equiv (r+n)^2 \\ r^2 + (v_0 t)^2 &\equiv \left(r + \frac{1}{2}a_0 t^2\right)^2 \\ r^2 + (v_0 t)^2 &\equiv r^2 + a_0 t^2 r + \frac{1}{4}a_0^2 t^4 \end{aligned}$$

Das Einsetzen des Kreisbahnradius r führt auf:

$$\begin{aligned} (v_0 t)^2 &\equiv a_0 t^2 \frac{v_0^2}{a_0} + \frac{1}{4}a_0^2 t^4 \\ 0 &\equiv \frac{1}{4}a_0^2 t^4 \\ t &\equiv 0 \end{aligned}$$

Dies ist ein Widerspruch zur geforderten Gültigkeit zu allen Zeitpunkten $\forall t \in \mathbb{R}$. Somit kann die Einhüllende keine Kreisbahn sein. Dann kann sie aber auch nicht fahrbar sein!

q.e.d.

- Wenn die Einhüllende selbst nicht fahrbar ist und ein Punkt auf der Einhüllenden nur unter konstanter Beschleunigungsrichtung erreicht werden kann, dann gibt es zu jedem Punkt genau eine Trajektorie, die die Einhüllende exakt in diesem und nur in diesem Punkt berührt. Es kann folglich keine Bahn unter den gegebenen Randbedingungen existieren, die zwei Punkte auf der Einhüllenden miteinander verbindet.

- Obwohl die Einhüllende selbst keine Kreisbahn ist, die Beschleunigungsrichtung aber stets senkrecht zu der Einhüllenden wirkt, besitzt eine Trajektorie, die auf einen beliebigen Punkt der Einhüllenden führt, genau in diesem und nur in diesem Punkt keine Beschleunigung in tangentialer Richtung. Exakt in diesem Punkt geht die Trajektorie in eine Kreisbahn mit ausschließlich zentripetal wirkender Beschleunigung über, um diese unmittelbar danach wieder zu verlassen. Anschaulich betrachtet wird zu Beginn der Trajektorie am stärksten gebremst und der Bremseingriff im sich mitdrehenden Fahrzeugsystem kontinuierlich bis zum Berührungspunkt auf der Einhüllenden auf null zurückgenommen, sodass im Berührungspunkt ausschließlich gelenkt wird.

2.3.2 Minimaler Hindernisabstand zur Kollisionsvermeidung

Mithilfe der Aufenthaltsgebiete kann im Folgenden der optimale Winkel ζ_{opt} bestimmt werden, der das letztmögliche Manöver zur Kollisionsvermeidung beschreibt. Im Sinne dieser Optimalität darf es demnach kein anderes Lenk- bzw. Lenkbremsmanöver geben, das in einem kürzeren Abstand x_H des Egofahrzeugs zum Hindernisfahrzeug V_1 beginnt. Der Passierungszeitpunkt t_1 führt auf die Nebenbedingung des Passierungsorts, nämlich auf Höhe des Hindernisses $x(t_1) = x_{V1}(t_1)$ muss das Egofahrzeug eine laterale Position gleich der Hindernisbreite $y(t_1) = y_H$ erreicht haben. Außerdem darf es sich nicht langsamer als das Hindernis bewegen, da in diesem Fall ein reiner Bremseingriff vorzuziehen gewesen wäre. Zusammengefasst ergibt sich das folgende Minimierungsproblem:

$$\exists \zeta_{\text{opt}} \in [-\pi, \pi] \left\{ \begin{array}{lcl} a_x &=& a_0 \cos \zeta_{\text{opt}} \\ a_y &=& a_0 \sin \zeta_{\text{opt}} \end{array} \right. \quad \Rightarrow \quad \exists t_1 \in \mathbb{R}^{>0} \left\{ \begin{array}{rcl} x(t_1) &=& x_{V1}(t_1) \\ y(t_1) &=& y_H \\ v(t_1) &>& v_{x\,V1}(t_1) \\ x_H &=& \text{Min!} \end{array} \right. \tag{2.31}$$

Die kinematischen Bewegungsgleichungen in x- und y-Richtung des Egofahrzeugs lauten:

$$x(t) = v_0 t + \frac{1}{2} a_0 \cos \zeta \, t^2 \tag{2.32}$$

$$y(t) = \frac{1}{2} a_0 \sin \zeta \, t^2 \, . \tag{2.33}$$

Verallgemeinert man die Bewegung des Hindernisses V_1 und berücksichtigt auch eine mögliche Längsbeschleunigung $a_{x\,V1}$, so folgt dessen Bewegungsgleichung:

$$x_{V1}(t) = \underbrace{x_{0\,V1}}_{x_H} + v_{0\,V1} t + \frac{1}{2} a_{x\,V1} t^2 \, , \tag{2.34}$$

wobei die Längsposition $x_{0\,V1}$ des Hindernisses zu Beginn dem Hindernisabstand x_H entspricht. Auf Höhe des Hindernisses muss das Egofahrzeug sich um die Breite des Hindernisses y_H zur Seite bewegt haben. Daraus ergibt sich der Passierungszeitpunkt t_1 zu:

$$y(t_1) \overset{!}{=} y_H \quad \Rightarrow \quad t_1 = \sqrt{\frac{2y_H}{a_0 \sin\zeta}}\,. \tag{2.35}$$

Ferner müssen im Passierungspunkt die Bewegungsgleichungen (2.32) und (2.34) für die Längsrichtung gleich sein, sodass sich der Hinderabstand x_H durch Einsetzen von t_1 und Gleichsetzen bestimmen lässt:

$$\begin{aligned} x(t_1) \overset{!}{=} x_{V1}(t_1) \quad &\Rightarrow \quad v_0 t_1 + \frac{1}{2} a_0 \cos\zeta t_1^2 = x_H + v_{0\,V1} t_1 + \frac{1}{2} a_{x\,V1} t_1^2 \\ x_H(\zeta) \quad &= \quad (v_0 - v_{0\,V1}) \sqrt{\frac{2y_H}{a_0 \sin\zeta}} + y_H \frac{\cos\zeta - \frac{a_{x\,V1}}{a_0}}{\sin\zeta}\,. \end{aligned} \tag{2.36}$$

Für die Minimierung des Längsabstands x_H zum Hindernis gilt die notwendige Bedingung:

$$\begin{aligned} \zeta_{\text{opt}}: \quad \frac{\partial x_H(\zeta)}{\partial\zeta} \quad &\overset{!}{=} \quad 0 \\ \text{mit} \quad \frac{\partial x_H(\zeta)}{\partial\zeta} \quad &= \quad -(v_0 - v_{0\,V1}) \cos\zeta \sqrt{\frac{y_H}{2a_0 \sin^3\zeta}} - y_H \frac{1 - \frac{a_{x\,V1}}{a_0}\cos\zeta}{\sin^2\zeta}\,. \end{aligned} \tag{2.37}$$

Für konstant bewegte oder stehende Hindernisse ($a_{x\,V1} = 0$) vereinfacht sich die erste Ableitung $\partial x_H(\zeta)/\partial\zeta$ derart, dass die Minimierungsgleichung sich zu einer kubischen Funktion in $\sin\zeta_{\text{opt}}$ umformen lässt. Wird dabei die Bedingung

$$v_0 \geq v_{0\,\text{Min}} = v_{x\,V1} + \sqrt{3\sqrt{3}a_0 y_H} \tag{2.38}$$

nicht verletzt, ist die Diskriminante der kubischen Gleichung kleiner bzw. gleich null und die Gleichung analytisch lösbar. Für beschleunigte Hindernisse ($a_{x\,V1} \neq 0$) kann die optimale Lage der Beschleunigungsrichtung ζ_{opt} hingegen nur noch numerisch bestimmt werden:

Minimaler Hindernisabstand:

$$x_H(\zeta_{\text{opt}}) = (v_0 - v_{x\,V1})\sqrt{\frac{2y_H}{a_0 \sin\zeta_{\text{opt}}}} + y_H \frac{\cos\zeta_{\text{opt}} - \frac{a_{x\,V1}}{a_0}}{\sin\zeta_{\text{opt}}} \tag{2.39}$$

Allgemeine Lösung des Beschleunigungsvektors:

$$\zeta_{\text{opt}}: \quad \frac{(v_0 - v_{x\,V1})\cos\zeta_{\text{opt}}}{\sqrt{2a_0 y_H}} + \frac{1 - \frac{a_{x\,V1}}{a_0}\cos\zeta_{\text{opt}}}{\sqrt{\sin\zeta_{\text{opt}}}} = 0 \tag{2.40}$$

Sonderfall für stehende oder konstant bewegte Hindernisse ($a_{x\,V1} = 0$):

$$\zeta_{\text{opt}} = \frac{\pi}{2} + \arccos\left(\frac{2}{\sqrt{3}}\cos\left[\frac{1}{3}\arccos\left(-\frac{3\sqrt{3}a_0 y_H}{(v_0 - v_{x\,V1})^2}\right)\right]\right) \tag{2.41}$$

2.3.3 Betrachtungen zur Existenz der Kollisionsvermeidung

Die Einhüllende weist zwei interessante Punkte auf, die sich mithilfe der vorherigen Lösung bestimmen lassen. Zum einen ist dies der Ort der Vollbremsung, zum anderen ist es die Definitionsgrenze. Bei unbeschleunigten Hindernissen ($a_{x\,V1} = 0$) gilt Gleichung (2.41). Löst man diese nach $(v_0 - v_{0\,V1})$ auf, setzt sie in Gleichung (2.39) ein und substituiert $x_H(\zeta_{\text{opt}})$ durch die Strecke, die für eine Bremsung nach Gleichung (2.8) auf eine Relativgeschwindigkeit von null benötigt wird, so ist der optimale Winkel ζ_1 unabhängig von der Hindernisbreite. Man erhält nach Vereinfachung:

$$\zeta_1 = \zeta_{\text{opt}}\Big|_{x_H = \frac{(v_0 - v_{x\,V1})^2}{2a_0}} = \arccos\left(\frac{1-\sqrt{5}}{2}\right) \approx 128{,}2^\circ\ . \tag{2.42}$$

Der zweite Ort ist deutlich leichter zu bestimmen. Wird die minimale Startgeschwindigkeit $v_{0\,\text{Min}}$ in den optimalen Winkel ζ_{opt} eingesetzt, siehe Gleichung (2.38) und (2.41), so gilt für den Winkel über alle Hindernisbreiten stets:

$$\zeta_2 = \zeta_{\text{opt}}(v_{0\,\text{Min}}) = \frac{\pi}{2} + \arctan\sqrt{2} \approx 144{,}7^\circ\ . \tag{2.43}$$

Die Lage und Bedeutung dieser beiden Winkel im erreichbaren Aufenthaltsgebiet zeigt das Bild 2.10. Die Aufenthaltskreise wachsen vom Startpunkt aus kontinuierlich an. An dem Ort, an dem das Fahrzeug bei einer Vollbremsung zum Stehen kommt, besitzt die Einhüllende die Steigung $\tan\left(\zeta_1 - \frac{\pi}{2}\right)$ und der zugehörige, dunkelgrau markierte Aufenthaltskreis berührt die Einhüllende exakt unter dem Winkel ζ_1. Im Anschluss wachsen die Kreise weiter an, die Abstände zwischen zwei aufeinanderfolgenden nehmen jedoch an ihrer linken Seite kontinuierlich ab. An der Definitionsgrenze tangiert

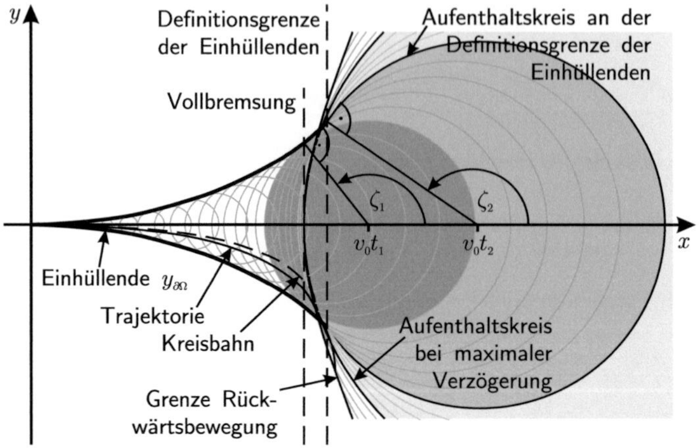

Bild 2.10: Darstellung der Aufenthaltskreise im Bereich der Definitionsgrenze der Einhüllenden

die Einhüllende unter dem Winkel $\zeta_2 - \frac{\pi}{2}$ den hellgrau hervorgehobenen Aufenthaltskreis. Die nachfolgenden Kreise wandern auf der Einhüllenden zurück und berühren sie nicht mehr tangential, sondern schneiden sie. Die Einhüllende ist somit für die Aufenthaltskreise nach dem Zeitpunkt t_2 nicht mehr definiert. Ab dem Aufenthaltskreis der maximalen Verzögerung enthalten alle nachfolgenden Kreise ihre unmittelbaren Vorgänger, sodass die Ausdehnung der Kreise nun auch entgegen der x-Richtung verläuft. Jede beliebige Beschleunigungsrichtung mit einem Bremsanteil ungleich null führt auf einen Abbau der Geschwindigkeit bis zum Stillstand und anschließendem Richtungswechsel. Sämtliche Orte, an denen der Richtungswechsel erfolgt, sind durch die eingezeichnete Grenze zur Rückwärtsbewegung gekennzeichnet.

Die beiden eingangs beschriebenen Winkel unterteilen das Aufenthaltsgebiet in verschiedene Bereiche, die anschaulich im Bild 2.11 dargestellt sind. Die Einteilung gilt gleichermaßen für das Intervall $[-\pi, 0]$ und führt enstprechend spiegelsymmetrisch zur entgegengesetzten Seite. Die gestrichelte Linie kennzeichnet die Grenze der Vollbremsung:

- $\frac{\pi}{2} \leq \zeta_{\text{opt}} < \zeta_1$: Das letztmögliche Manöver zur Kollisionsvermeidung muss ein kombinierter Brems-Lenkeingriff sein. Der Winkel ζ_1 markiert den Punkt auf der Einhüllenden, der genau quer ab des Endpunkts einer maximalen Verzögerung liegt. Ragt die Hindernisbreite über die Einhüllende hinaus, so ist die Kollision unvermeidbar.

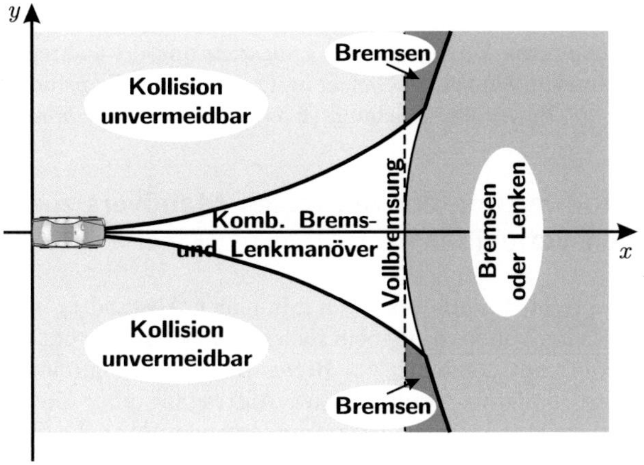

Bild 2.11: Charakteristische Bereiche im Aufenthaltsgebiet

- $\zeta_1 \leq \zeta_{\text{opt}} < \zeta_2$: Liegt die Hindernisbreite außerhalb der Einhüllenden, so ist die Kollision nur durch Bremsen vermeidbar, anderenfalls kann sie sowohl durch einen kombinierten Brems-Lenkeingriff als auch durch eine maximale Verzögerung vermieden werden. Der Winkel ζ_2 weist auf den Endpunkt der Einhüllenden.

- $\zeta_2 \leq \zeta_{\text{opt}} < \pi$: Dieses Intervall markiert die Orte auf den Aufenthaltskreisen, die auf das Ende der Einhüllenden folgen und für die keine eindeutige Lösung mehr angebbar ist. Der Bremsanteil des zugrunde liegenden Manövers nimmt dabei permanent zu. Da diese Orte aber allesamt hinter der Grenze der Vollbremsung liegen, ist das reine Bremsmanöver ohne Lenkanteil das vorzuziehende Manöver.

Im Fall eines stehenden Hindernisses lässt sich das geeignete Manöver sofort ablesen. Bei einem bewegten Hindernis ist dies nicht ohne weiteres möglich, da die Darstellung über den Ort absolut und nicht über die Annäherung an das Hindernis erfolgt. Durch eine einfache Transformation

$$x \mapsto x + \left(v_{x\,V1}t + \frac{1}{2}a_{x\,V1}t^2\right) \tag{2.44}$$

lässt sich aber das in Längsrichtung konstant oder beschleunigt bewegte Hindernis berücksichtigen. Die bisherige Darstellung erfährt somit eine Streckung bzw. Stauchung in Längsrichtung, je nachdem, ob die Annäherung an das Hindernis nun langsamer oder schneller erfolgt. Im Fall eines beschleunigt bewegten Hindernisses ändert sich die Beschleunigungsrichtung gegenüber dem stehenden Hindernis, sodass das optimale Manöver im Passierungspunkt nicht mehr auf eine reine Kreisbewegung führt. Stattdessen verbleibt eine Verzögerung in Längsrichtung des Fahrzeugs. Bei der Berechnung des optimalen Winkels in Gleichung (2.40) ist die Transformation durch die allgemeine Form der Bewegungsgleichung (2.34) berücksichtigt worden.

2.3.4 Nutzenbewertung des optimalen Manövers zur Kollisionsvermeidung

Das Bild 2.12 vergleicht den erforderlichen minimalen Abstand x_H vor einem stehendem Hindernis für eine Vollbremsung, ein reines Lenken und ein optimales Kollisionsvermeidungsmanöver mit kombiniertem Brems-Lenkeingriff miteinander. Bei einem konstant bewegten Hindernis würde sich bei Auftragung über die Relativgeschwindigkeit $(v_0 - v_{xV1})$ exakt das gleiche Diagramm ergeben. Für hohe Geschwindigkeiten benötigt eine Vollbremsung erwartungsgemäß einen deutlich größeren Abstand zum Hindernis, für kleine Geschwindigkeiten ist er dagegen bekanntlich niedriger als für ein Lenkmanöver bzw. das optimale Brems-Lenkmanöver. Der tatsächliche Nutzen gegenüber einem reinen Lenken ist offensichtlich gering, obwohl sich die Grenzgeschwindigkeit, bei der der Wechsel zwischen Bremsen und Lenken bzw. zwischen Bremsen und Brems-Lenken erfolgen muss, etwas zu Gunsten des optimalen Brems-Lenkmanövers verschiebt. Mithilfe des Grenzwinkels ζ_1 und des minimalen Hindernisabstands x_H, vgl. Gleichung (2.39), lässt sich leicht zeigen, dass dieser bei

$$v_{\text{Grenz}} = \sqrt{\frac{2a_0 y_H}{\sin\zeta_1}}\left(1 + \sqrt{1+\cos\zeta_1}\right) \approx 1{,}82\,\sqrt{2a_0\,y_H} \qquad (2.45)$$

liegt und somit etwa 9% niedriger als die Grenzgeschwindigkeit des reinen Lenkmanövers bei isotropen Beschleunigungsvermögen ist, siehe Gleichung (2.9). Ein zusätzlicher Nutzen zeigt sich im Bild 2.13 in der Reduktion der Geschwindigkeit Δv beim Passieren des Hindernisses gegenüber der Startgeschwindigkeit. Zwar ist der Ortsgewinn gegenüber dem reinen Lenken sehr gering, da die Verläufe des Lenk- und Brems-Lenkmanövers in Bild 2.12 fast deckungsgleich sind, kommt es im Fall des kombinierten Brems-Lenkeingriffs aber dennoch zu einer Kollision, können zumindest die Unfallfolgen aufgrund der etwas geringeren Geschwindigkeit abgemildert werden.

2.3.5 Kombinierter Brems-Lenkeingriff bei anisotroper Beschleunigungsverteilung

Wie bereits eingangs beschrieben, werden hohe Querbeschleunigungen vom Fahrer als unangenehm empfunden. In [Bie99] wird deutlich, dass der Kammsche Kreis in der Praxis eher eine Ellipse darstellt. Mithilfe der Ellipsengleichung und der angenommenen maximalen Beschleunigungen $a_{x\text{Max}}$, $a_{y\text{Max}}$ in Längs- und Querrichtung lässt sich

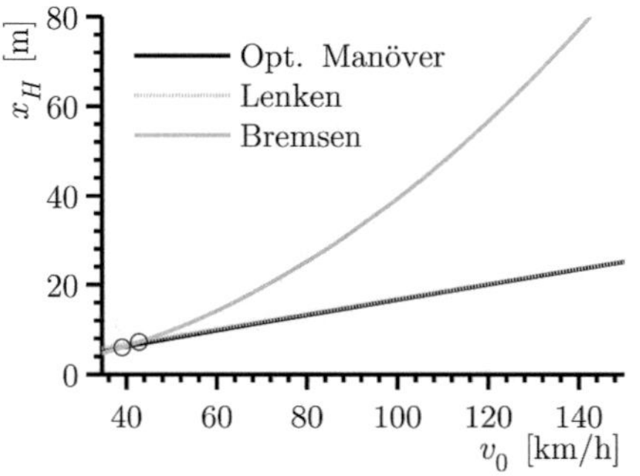

Bild 2.12: Minimale Distanz zur Kollisionsvermeidung ($y_H = 1{,}8\,\text{m}$, $a_0 = 9{,}81\,\text{m/s}^2$)

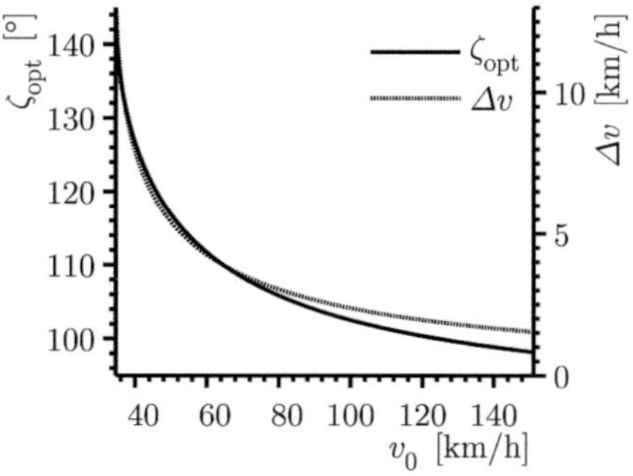

Bild 2.13: Geschwindigkeitsabnahme und Beschleunigungswinkel zur Kollisionsvermeidung ($y_H = 1{,}8\,\text{m}$, $a_0 = 9{,}81\,\text{m/s}^2$)

die beschriebene Propagation des Aufenthaltsgebiets entsprechend Gleichung (2.23) auch auf eine anisotrope Beschleunigungsverteilung übertragen. Für die Aufenthaltsgebiete gilt dann:

$$\begin{aligned} \Omega(t): \quad t \in \mathbb{R}^{\geq 0} &\rightarrow (x,y) \in \mathbb{R}^2 \\ t &\mapsto F(x,y,t) \leq 0 \\ F(x,y,t) &:= \left(\frac{x + v_{xV1}t + \frac{1}{2}a_{xV1}t^2 - v_0 t}{\frac{1}{2}a_{x\text{Max}}\, t^2} \right)^2 + \left(\frac{y}{\frac{1}{2}a_{y\text{Max}}\, t^2} \right)^2 - 1\,. \end{aligned} \tag{2.46}$$

In dieser allgemeinsten Form werden sowohl bewegte und stehende Hindernisse, als auch isotropes und anisotropes Beschleunigungsvermögen berücksichtigt. Das Bild 2.14 zeigt die erreichbaren Gebiete für ein Verhältnis von Quer- zu Längsbeschleunigung von 1 : 3. Man erkennt, dass die Trajektorien, die auf den Rand der Gebiete führen, aufgrund des flacheren Verlaufs und der stärker gekippten Beschleunigungsrichtung einen deutlich größeren Bremsanteil besitzen als bei einer isotropen Beschleunigungsverteilung.

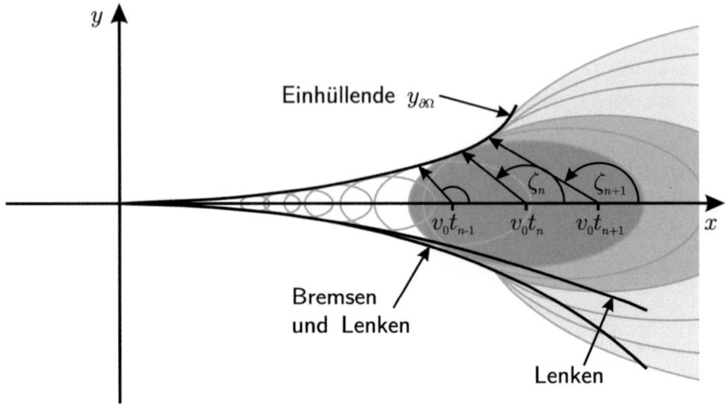

Bild 2.14: Propagation der Aufenthaltsgebiete bei anisotroper Beschleunigungsverteilung von $a_{y\text{Max}} : a_{x\text{Max}} = 1 : 3$

3 Ideales Ausweichmanöver für ein einzelnes Hindernis

In der bisherigen Betrachtung ist ausschließlich die Kollisionsvermeidung untersucht worden. Darüber hinaus wird aber auch eine sichere Weiterfahrt gefordert, sodass die Fahrbahn nicht verlassen werden darf. Dies wird im Folgenden nicht mehr als Kollisionsvermeidung, sondern als Ausweichen bzw. Ausweichmanöver bezeichnet, bei dem das Egofahrzeug am Ende des Manövers wieder in die ursprüngliche Fahrtrichtung orientiert ist.

3.1 Ausweichmanöver ohne Bremseingriff

Basiert das Ausweichmanöver auf einem reinen Lenkeingriff, so soll dies im Folgenden als Ausweichlenkmanöver bezeichnet werden. Da bereits zahlreiche Spurwechseltrajektorien bekannt sind, die sich je nach benötigter Länge mehr oder weniger gut für ein Notausweichlenkmanöver eignen, sollen die gebräuchlichsten Trajektorien vorgestellt werden, die ausschließlich auf einem reinen Lenkeingriff beruhen und für gewöhnlich für ein Spurwechsel- bzw. Ausweichlenkmanöver genutzt werden.

3.1.1 Überblick bekannter Ausweichlenkmanöver

In [Sle97] stellen die Autoren sehr anschaulich die Spurwechseltrajektorien „doppelter Kreisbogen“, Sinus-Rampe, Querbeschleunigungsprofil, Polynom fünfter und siebter Ordnung, Bézier-Spline und Klothodiden vor und vergleichen sie miteinander anhand verschiedener Bewertungskriterien wie maximale Krümmung, Längsausdehnung, Bogenlänge gegenüber Längsausdehnung, Integral über die Krümmungsquadrate und der maximalen fahrbaren Geschwindigkeit. Als bestes Manöver entsprechend der beschriebenen Bewertungskriterien erweist sich dabei das Polynom fünfter Ordnung. Darüber hinaus finden sich in der Literatur zahlreiche Spurwechseltrajektorien, die insbesondere auf eine Vermeidung der Unstetigkeit im Krümmungsverlauf abzielen. In Anlehnung an die Verwendung von Klothoiden für Trassierungsprobleme [Wol05] wird in [Kan85] und [Kan89] eine Spurwechseltrajektorie auf der Basis von Klothoiden vorgeschlagen, deren Beschreibung jedoch leider mit einem nicht unerheblichen Rechenaufwand aufgrund der numerischen Integration verbunden sind. Während in [Nel89] beispielsweise die Ersetzung der Kreisbögen durch eine Polynomdarstellung vorgeschlagen wird, versucht [Gul94] ein Krümmungsprofil vorzugeben und daraus die Trajektorie abzuleiten. In [Shi95] und [Shi98b] wird eine optimale Ausweichtrajektorie berechnet, die die Strecke bis zum Hindernis minimiert. Dabei wird gezeigt, dass die Lösung auf Basis eines Einspurmodells [Mit04] und basierend auf einem Massepunktmodell sehr dicht beieinander liegen. In [Sle98] wird ebenfalls eine ideale Spurwechseltrajektorie für ein Notausweichen bei konstanter Geschwindigkeit berechnet und bewertet, die Krümmung und Ruck minimimiert, allerdings anhand der Variationsrechnung eine sehr komplizierte Lösung basierend auf elliptischen Integralen liefert. In [Stä06] wird die Sigmoide als eine weitere Ausweichtrajektorie verwendet, die zwar krümmungsstetig ist, aufgrund der Verwendung der Exponentialfunktion aber den Endpunkt erst im Unendlichen erreichen kann, würde man keine laterale Abweichung vom Endwert bzw. keine Fehlausrichtung zu Beginn und am Ende akzeptieren.

Im Folgenden werden die mathematischen Beschreibungen der bekanntesten Trajektorien aus [Sle97] und [Stä06] zusammengestellt, die sich aus der Startgeschwindigkeit v_0 des Egofahrzeugs und der zu erreichenden Hindernisbreite y_H ergeben. Ihnen ist gemeinsam, dass sie sich a-priori auf einen charakteristischen Verlauf festlegen, der an die gegebenen Randbedingungen der maximalen lateralen Position y_H und der maximal zulässigen Querbeschleunigung a_0 angepasst wird. Zur Berechnung der benötigten Längsausdehnung x_H des Manövers geht man von der Krümmung $\kappa(x)$ einer Kurve $y(x)$ aus, für die nach [Stö95] bekanntlich

$$\kappa(x) = \frac{y''(x)}{\left(1 + y'(x)\right)^{\frac{3}{2}}} \approx y''(x) \tag{3.1}$$

gilt. Ähnlich wie bei der bereits betrachteten Weglänge $s \approx x_H$ ist der Einfluss der ersten Ableitung $y'(x)$ im Nenner vernachlässigbar, sodass die angewandte Näherung erlaubt ist. Bei gegebener Geschwindigkeit v_0 des Egofahrzeugs lässt sich die auftretende Querbeschleunigung a_0 direkt aus der Krümmung κ, die gleich dem Inversen des Kurvenradius r ist, berechnen:

$$a_0 = \frac{v_0^2}{r} = v_0^2\,\kappa\,. \tag{3.2}$$

Zur Bestimmung des Krümmungsmaximums über den Verlauf der Ausweichlenktrajektorie muss als notwendige Bedingung die erste Ableitung der Krümmung, die näherungsweise der dritten Ableitung $y'''(x)$ der Kurve entspricht, null sein. Diese sind für die meisten Trajektorien einfach zu berechnen, sodass sich daraus die benötigte Manöverlänge x_H bestimmen lässt. Lediglich für die Sigmoide wird die Rechnung etwas aufwändiger, ist aber dennoch analytisch lösbar.

- **Doppelter Kreisbogen:**

$$y(x) = \begin{cases} r - \sqrt{r^2 - x^2} & , \quad 0 \le x < \frac{x_H}{2} \\ y_H - r + \sqrt{r^2 - (x_H - x)^2} & , \quad \frac{x_H}{2} \le x \le x_H \end{cases} \tag{3.3}$$

$$x_H = \sqrt{4 y_H r - y_H^2} \tag{3.4}$$

mit minimalem Kurvenradius: $r := \dfrac{v_0^2}{a_0}$

Die Gleichungen können anhand des Bilds 3.1 nachvollzogen werden. Die Längsausdehnung x_H folgt aus der Symmetrie im Wechselpunkt, in dem $y = y_H/2$ gelten muss.

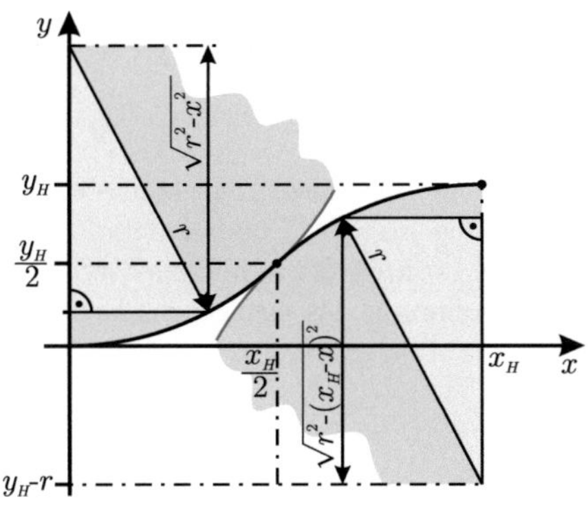

Bild 3.1: Herleitung der Ausweichlenktrajektorie „doppelter Kreisbogen“

- **Polynom dritter Ordnung:**

$$y(x) = y_H \left[3 \left(\frac{x}{x_H} \right)^2 - 2 \left(\frac{x}{x_H} \right)^3 \right] \tag{3.5}$$

$$x_H = v_0 \sqrt{\frac{6 y_H}{a_0}} \tag{3.6}$$

Aus der lateralen Position zu Beginn und zum Ende und der Forderung eines nicht verdrehten Fahrzeugs in diesen beiden Positionen ergeben sich vier Randbedingungen:

$$\begin{aligned} y(0) &= 0 \qquad & y'(0) &= 0 \\ y(x_H) &= y_H \qquad & y'(x_H) &= 0\,, \end{aligned}$$

anhand derer sich die vier Koeffizienten des Polynoms dritter Ordnung bestimmen lassen und auf obige Lösung führen. Das Krümmungsmaximum liegt an den Randlagen und somit folgt die benötigte Gesamtstrecke x_H aus $y''(0) = y''(x_H) \approx a_0/v_0^2$.

- **Polynom fünfter Ordnung:**

$$y(x) = y_H \left[10 \left(\frac{x}{x_H} \right)^3 - 15 \left(\frac{x}{x_H} \right)^4 + 6 \left(\frac{x}{x_H} \right)^5 \right] \tag{3.7}$$

$$x_H = v_0 \sqrt{\frac{10 y_H}{\sqrt{3}\, a_0}} \tag{3.8}$$

Es gelten die gleichen Randbedingungen wie beim Polynom dritter Ordnung. Zusätzlich muss die Krümmung in den Randlagen ebenfalls null sein:

$$y''(0) = 0 \qquad y''(x_H) = 0\,.$$

Somit ergeben sich zwei weitere, also insgesamt sechs Gleichungen für die Bestimmung der sechs Koeffizienten des Polynoms fünfter Ordnung. Die Anpassung führt auf die angegebene Lösung. Die benötigte Strecke x_H ergibt sich wiederum aus dem Krümmungsmaximum, das mittels der Bedingung

$$\kappa'(x) \approx y'''(x) \stackrel{!}{=} 0 \tag{3.9}$$

bestimmt werden kann.

- **Polynom siebter Ordnung:**

$$y(x) = y_H \left[35 \left(\frac{x}{x_H} \right)^4 - 84 \left(\frac{x}{x_H} \right)^5 + 70 \left(\frac{x}{x_H} \right)^6 - 20 \left(\frac{x}{x_H} \right)^7 \right] \tag{3.10}$$

$$x_H = v_0 \sqrt{\frac{84 y_H}{5\sqrt{5}\, a_0}} \tag{3.11}$$

Das Polynom siebter Ordnung besitzt gegenüber dem Polynom fünfter Ordnung zwei weitere Koeffizienten, für die zwei zusätzliche Randbedingungen benötigt werden. Diese werden durch die Forderung der verschwindenden Krümmungsänderung in den beiden Randlagen festgelegt, indem die dritte Ableitung ebenfalls zu null gesetzt wird:

$$y'''(0) = 0 \qquad y'''(x_H) = 0\,.$$

Die benötigte Strecke x_H wird analog zum Polynom fünfter Ordnung bestimmt.

- **Sinus-Rampe:**

$$y(x) = y_H \left[\frac{x}{x_H} - \frac{1}{2\pi} \sin\left(\frac{2\pi x}{x_H}\right)\right] \tag{3.12}$$

$$x_H = v_0 \sqrt{\frac{2\pi y_H}{a_0}} \tag{3.13}$$

Die Sinus-Rampe ergibt sich aus der Überlagerung einer Geraden mit der Sinus-Funktion über eine Periodenlänge. Die Anpassung der freien Parameter erfolgt analog zur bisherigen Vorgehensweise, ebenso die benötigte Längsausdehnung x_H anhand der maximalen Querbeschleunigung bzw. des minimalen Kurvenradius.

- **Sigmoide:**

$$y(x) = \frac{y_H + 2\Delta y_H}{1 + e^{\alpha\left(1 - 2\frac{x}{x_H}\right)}} - \Delta y_H \tag{3.14}$$

$$y''(x) \approx \frac{1}{r} = \frac{a_0}{v_0^2} \Rightarrow x_H : a_0 - v_0^2\, y''(x)\Big|_{x:\, y'''(x)=0} \stackrel{!}{=} 0 \tag{3.15}$$

$$\text{mit:} \quad \alpha := \log\left(1 + \frac{y_H}{\Delta y_H}\right)$$

Die Sigmoide stellt in gewisser Weise ein Sonderfall dar, da in den Randlagen die erste Ableitung nicht null wird, das Fahrzeug also etwas verdreht ausgerichtet ist. Der Parameter Δy_H korrigiert den lateralen Fehler der Bahn gegenüber der Hindernisbreite y_H. Je größer dieser Wert gewählt wird, desto stärker ist der Sprung in der Orientierung (Gierwinkel) zu Beginn und am Ende der Bahn.

Im Fall eines stehenden Hindernisses V_1 entspricht die benötigte Strecke des Manövers dem minimalen Abstand x_H bis zum Hindernis. Im Fall eines bewegten Hindernisses verkürzt sich diese um die Strecke Δx_{V1}, wenn das vorausfahrende Fahrzeug langsamer ist bzw. verlängert sich, wenn es schneller fährt. Betrachtet man dazu die Weglänge s des Ausweichlenkmanövers, so ist aufgrund des lang gezogenen Verlaufs ($x_H \gg y_H$) die Näherung

$$s = \int_{x=0}^{x_H} \sqrt{dy^2 + dx^2} = \int_{x=0}^{x_H} \sqrt{1 + y'(x)^2}\, dx \approx x_H \tag{3.16}$$

erlaubt. Während der Dauer $t = s/v_0 \approx x_H/v_0$ des Ausweichlenkmanövers bewegt sich das Hindernis V_1 um die Strecke

$$\Delta x_{V1} = v_{x\,\mathrm{V1}} \frac{s}{v_0} + \frac{1}{2} a_{x\,\mathrm{V1}} \left(\frac{s}{v_0}\right)^2 \approx v_{x\,\mathrm{V1}} \frac{x_H}{v_0} + \frac{1}{2} a_{x\,\mathrm{V1}} \left(\frac{x_H}{v_0}\right)^2 , \tag{3.17}$$

Tabelle 3.1: Vergleich bekannter Ausweichlenktrajektorien ($a_0 = 9,81\,\mathrm{m/s^2}$, $v_0 = 100\,\mathrm{km/h}$, $y_H = 1,8\,\mathrm{m}$)

	x_H [m]	$\int_0^{x_H} \kappa(x)^2 dx$ [1/m]	$\int_0^{x_H} x\,\kappa(x)^2 dx$ [ln (m)]	$\int_0^{x_H} v^2\kappa(x)^2 dx$ [m/s²]
Doppelter Kreisbogen	23,7	$3,835 \cdot 10^{-3}$	$4,550 \cdot 10^{-2}$	2,959
Polynom dritter Ordnung	29,1	$1,553 \cdot 10^{-3}$	$2,264 \cdot 10^{-2}$	1,199
Polynom fünfter Ordnung	28,6	$2,352 \cdot 10^{-3}$	$3,363 \cdot 10^{-2}$	1,815
Polynom siebter Ordnung	32,6	$2,350 \cdot 10^{-3}$	$3,832 \cdot 10^{-2}$	1,813
Sinus-Rampe	29,8	$2,383 \cdot 10^{-3}$	$3,554 \cdot 10^{-2}$	1,839
Sigmoide	27,3	$2,154 \cdot 10^{-3}$	$2,939 \cdot 10^{-2}$	1,662
Krümmungsopt. Trajektorie	27,9	$2,105 \cdot 10^{-3}$	$2,937 \cdot 10^{-2}$	1,624

wodurch sich der berechnete minimale Abstand zum Hindernis um genau diese Strecke Δx_{V1} reduzieren muss, d. h. das Manöver muss im Abstand

$$x_H \mapsto x_H - \Delta x_{V1} = x_H \left(1 - \frac{v_{x\,V1}}{v_0}\right) - \frac{1}{2} a_{x\,V1} \left(\frac{x_H}{v_0}\right)^2 \tag{3.18}$$

zum Hindernis beginnen.

In der Zusammenstellung der gebräuchlichsten Spurwechsel- bzw. Ausweichlenkmanöver ist neben dem Verlauf auch die Funktion für die benötigte Strecke angegeben und in Tabelle 3.1 für das Beispielszenario $a_0 = 9,81\,\mathrm{m/s^2}$, $v_0 = 100\,\mathrm{km/h}$, $y_H = 1,8\,\mathrm{m}$ berechnet worden. Die letzte Trajektorie „krümmungsoptimal" wird im späteren Abschnitt 3.1.3 spezifiziert, soll aber bereits an dieser Stelle der Vollständigkeit halber mit aufgeführt werden, da der Vergleich wieder aufgegriffen wird. Die unterschiedlichen Verläufe der Trajektorien sind im Bild 3.2 dargestellt. Man erkennt, dass der „doppelte Kreisbogen" die kürzeste Distanz bis zum Hindernis benötigt, während das Polynom siebter Ordnung noch vor allen anderen Manövern beginnen muss, um eine Kollision zu vermeiden. Allerdings wird der Distanzvorteil des doppelten Kreisbogens durch Unstetigkeiten im Krümmungsverlauf erkauft, sodass sich auf diesen nicht zwangsläufig als bestes Ausweichlenkmanöver schließen lässt. Darauf wird im nachfolgenden Abschnitt 3.1.2 nochmals explizit eingegangen, ebenso wie auf die noch nicht näher erläuterten weiteren Bewertungskriterien.

3.1.2 Krümmungsverläufe der bekannten Ausweichlenkmanöver

Bei der bisherigen Untersuchung und insbesondere im vorherigen Vergleich der verschiedenen Manövertrajektorien wurde ausschließlich die benötigte Strecke x_H be-

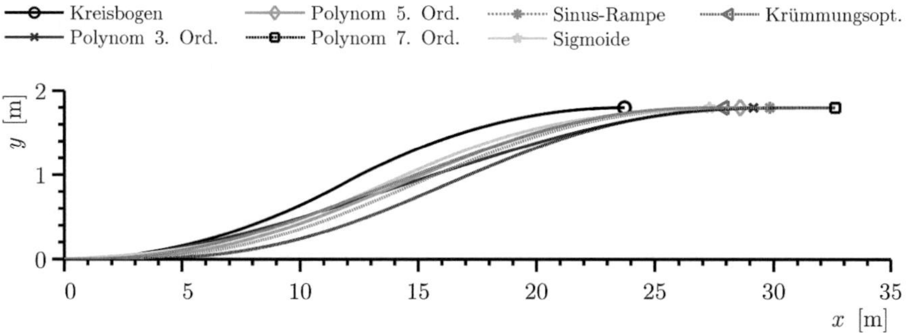

Bild 3.2: Vergleich bekannter Ausweichlenktrajektorien ($a_0 = 9,81\,\mathrm{m/s^2}$, $v_0 = 100\,\mathrm{km/h}$, $y_H = 1,8\,\mathrm{m}$)

wertet. Tatsächlich unterscheiden sich die Trajektorien aber in einem wesentlichen Merkmal, nämlich der Stetigkeit der Krümmung, was näherungsweise mit der Stetigkeit im Querbeschleunigungsverlauf gleichgesetzt werden darf. Im Hinblick auf das Fahren der Bahn ist es nicht möglich, Sprünge in der Querbeschleunigung zu realisieren, sondern aufgrund der Limitierungen durch das dynamische System „Fahrzeug" muss ein stetiger Verlauf der Krümmung und ein maximaler Krümmungsgradient, der sich maßgeblich aus dem Antwortverhalten ergibt, gefordert werden.

Dieser Forderung widerspricht leider der doppelte Kreisbogen, denn dieser weist zu Beginn, beim Richtungswechsel und am Ende jeweils einen Sprung in der Querbeschleunigung auf. Auch die nächstbeste Lösung, die Sigmoide besitzt im Start- und Endpunkt einen Krümmungssprung. Darüber hinaus weist sie eine Fehlausrichtung zur ursprünglichen Fahrtrichtung zu Beginn und zum Ende hin auf, obwohl sie durch ihren glatten Verlauf und der benötigten kurzen Distanz auffällt. Die Krümmung des Polynoms dritter Ordnung beginnt und endet ebenfalls mit einem Sprung. Nur die Polynome fünfter und siebter Ordnung, sowie die Sinus-Rampe und die krümmungsoptimierte Trajektorie sind hingegen stetig in ihrem Krümmungsverlauf, der im Start- und Endpunkt null ist. Die krümmungsoptimierte Trajektorie benötigt die kürzeste Strecke bis zum Hindernis von allen krümmungsstetigen Bahnen und empfiehlt sich aus diesem Grund. Sie wird im nachfolgenden Abschnitt 3.1.3 hergeleitet und genauer beschrieben. Im Bild 3.2 sind die Bahnverläufe der verschiedenen Trajektorien für das Beispielszenario bereits gezeichnet worden. Die unstetigen Krümmungsverläufe lassen sich optisch jedoch nicht erkennen. Lediglich das Polynom dritter Ordnung fällt auf, da es deutlich schräger und spitzwinkliger verläuft und über mehrere andere Bahnen hinweg läuft, was seine Ursache im nachfolgenden Sachverhalt hat.

Bekanntlich versucht ein mechanisches System stets, seine potenzielle Energie zu minimieren. Betrachtet man einen gebogenen Stab, so ist dieser bestrebt, eine Form einzunehmen, in der die im Stab gespeicherte potenzielle Energie minimal wird. Für einen nicht auf Zug oder Torsion belasteten gebogenen Stab ergibt sich diese Energie zu [Gro09]:

$$W = \frac{1}{2} \int \frac{M(x)^2}{CI} dx \, . \tag{3.19}$$

Ohne näher auf die physikalischen Hintergründe einzugehen, beschreiben die Größen $M(x)$ das Biegemoment und EI die Biegesteifigkeit, die sich aus dem Elastizitätsmodul E und dem Flächenträgheitsmoment I zusammensetzt. Für die Krümmung $\kappa(x)$ der Biegelinie $y(x)$ gilt:

$$\kappa(x) = -\frac{M(x)}{EI} \, . \tag{3.20}$$

Anhand der beiden Gleichungen (3.19) und (3.20) folgt für die potenzielle Energie ein Integral über das Quadrat der Krümmung. Unter Vernachlässigung der konstanten Biegesteifigkeit, die für eine qualitative Bewertung unbedeutend ist, lässt sich das Bewertungsmaß [Sle97]

$$J = \int_{x=0}^{x_H} \kappa(x)^2 \, dx \tag{3.21}$$

motivieren, da es entsprechend dem physikalischen Analogon ein Maß für die „Geschmeidigkeit“ des Verlaufs ist. Der Vergleich in Tabelle 3.1 enthält bereits die numerischen Werte für dieses Bewertungsmaß. Das Polynom dritter Ordnung besitzt den niedrigsten Wert. Die lineare Gewichtung über den Verlauf als weiteres Kriterium bewertet die Krümmung zum Ende des Manövers stärker als zu Beginn. Das mit der Position oder dem Quadrat der Geschwindigkeit gewichtete Krümmungsquadrat als Integrand bietet sich insbesondere bei nichtsymmetrischen Verläufen bezüglich des Umlenkpunkts und bei Manövern mit Bremseingriff an, da die Querbeschleunigung in Abhängigkeit von der Geschwindigkeit auf unterschiedliche Krümmungen führt. So wäre es beispielsweise wünschenswert, die Lenkbewegung zu Beginn des Manövers bei höherer Geschwindigkeit stärker zu gewichten als im späteren Verlauf. Beide Gewichtungen wirken sich aufgrund der Symmetrie und der konstanten Geschwindigkeit an dieser Stelle jedoch nicht aus.

3.1.3 Krümmungsoptimierte Ausweichlenktrajektorie

Zieht man das zuvor beschriebene Analogon heran und betrachtet einen eingespannten Stab, der am anderen Ende mit einer Last F beaufschlagt wird, so ergibt sich mit der Momentenverteilung $M(x) = Fx$ und der bekannten Näherung (3.1) aus Gleichung (3.20)

$$y''(x) = -\frac{Fx}{EI} \tag{3.22}$$

der mathematische Ansatz für den Bahnverlauf. Durch zweimalige Integration folgt ein Polynom dritter Ordnung mit vier unbekannten Parametern

$$y(x) = p_3 x^3 + p_2 x^2 + p_1 x + p_0 \tag{3.23}$$

für die „geschmeidigste" Bahn, deren Koeffizienten mithilfe der Randbedingungen

$$\left.\begin{array}{rclrcl} y(0) &=& p_0 \stackrel{!}{=} 0 & y(x_H) &=& p_2 x_H^2 + p_3 x_H^3 \stackrel{!}{=} y_H \\ y'(0) &=& p_1 \stackrel{!}{=} 0 & y'(x_H) &=& 2p_2 x_H + 3p_3 x_H^2 \stackrel{!}{=} 0 \end{array}\right\} \Rightarrow \begin{array}{rcl} p_2 &=& 3\frac{y_H}{x_H^2} \\ p_3 &=& -2\frac{y_H}{x_H^3} \end{array} \tag{3.24}$$

angepasst werden und auf die Form entsprechend Gleichung (3.5) führen. Folglich kann es keine andere Ausweichlenktrajektorie geben, deren Integral über das Krümmungsquadrat einen niedrigeren Wert aufweist, vgl. Tabelle 3.1. Aus dem Verlauf der Krümmung $\kappa(x)$

$$\kappa(x) \approx y''(x) = 6y_H\left(1 - 2\frac{x}{x_H}\right) \tag{3.25}$$

ist ein Sprung im Start- und im Endpunkt sofort ersichtlich. Mittels einer Exponentialfunktion kann dieser Sprung ein- bzw. ausgeblendet werden:

$$\text{Start}: \quad f_1(x) = 1 - e^{\frac{-x}{c_0}} \tag{3.26}$$

$$\text{Ende}: \quad f_2(x) = 1 - e^{\frac{x - x_H}{c_0}}\,. \tag{3.27}$$

Der Parameter c_0 variiert die Ausdehnung des Übergangs, der für die Strecke $5c_0$ näherungsweise abgeschlossen ist:

$$\begin{array}{rclrcl} f_1(0) &=& 0 & f_2(x < x_H - 5c_0) &\approx& 1 \\ f_1(x > 5c_0) &\approx& 1 & f_2(x_H) &=& 0\,. \end{array}$$

Multipliziert man nun den Krümmungsverlauf aus Gleichung (3.25) mit den Termen (3.26), (3.27), so ergibt sich eine Ausweichlenktrajektorie, die den „geschmeidigen" Verlauf des Polynoms dritten Grads mit der geforderten Stetigkeit der Krümmung kombiniert:

$$0 \leq x \leq x_H: \qquad \kappa(x) \approx y''(x) = \kappa_0\left(1 - 2\frac{x}{x_H}\right)\left(1 - e^{-\frac{x}{c_0}}\right)\left(1 - e^{\frac{x - x_H}{c_0}}\right)\,. \tag{3.28}$$

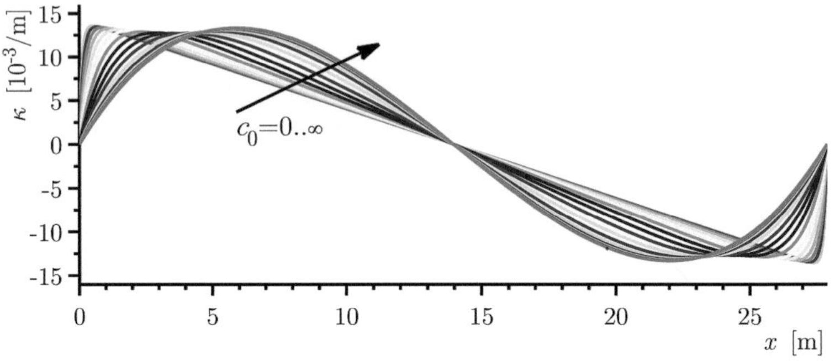

Bild 3.3: Krümmungsverlauf für Variierung von $c_0 = 0..\infty$ ($a_0 = 9{,}81\,\mathrm{m/s^2}$, $v_0 = 100\,\mathrm{km/h}$, $y_H = 1{,}8\,\mathrm{m}$)

Der Parameter c_0 beeinflusst gleichzeitig die Steigung des Krümmungsverlaufs in den Randpunkten. Die zweimalige Integration der Gleichung (3.28) ist zwar aufwändig, jedoch analytisch lösbar. Man erhält schlussendlich den Verlauf der Ausweichlenktrajektorie entsprechend Gleichung (3.29), sowie die Lösungen für die an die gegebenen Randbedingungen angepassten freien Parameter c_0, c_1, c_2 und κ_0. Prinzipiell kann der Parameter c_0 zwischen null und unendlich beliebig gewählt werden. Für die Grenzwertbetrachtung $c_0 \to 0$ laufen die Exponentialanteile in (3.29) gegen null und die Terme mit c_0 im Nenner von κ_0 fallen heraus. Erwartungsgemäß erhält man nun wieder den bekannten Verlauf des Polynoms dritter Ordnung aus Gleichung (3.5), da die Terme (3.26), (3.27) in Gleichung (3.28) gegen eins laufen. Nicht trivial ist hingegen der Grenzübergang $c_0 \to \infty$, da κ_0 abhängig von c_0 ist und die Grenzwertbetrachtung in der Krümmung (3.28) und in der Bahn (3.29) auf die Form $\frac{0}{\infty}$ führt, die aber mithilfe der Reihendarstellung der Exponentialfunktion durchgeführt werden kann. Als Lösung erhält man interessanterweise ein Polynom fünfter Ordnung. Die Rechnung soll an dieser Stelle entfallen und stattdessen grafisch veranschaulicht werden. Nimmt man den Krümmungsverlauf nach Gleichung (3.28) und die Parametrierung für κ_0 entsprechend Gleichung (3.29) heran und variiert den Parameter c_0, so erhält man den qualitativen Verlauf wie er im Bild 3.3 dargestellt ist. Über die Variation von c_0 ergibt sich ein Minimum der Amplitude von $\kappa(x)$. Für die Bestimmung von c_0 lässt sich die notwendige Bedingung $\partial\kappa_0/\partial c_0 = 0$ leider nur numerisch lösen und führt auf den angegebenen Wert. Mithilfe der weiteren Integrationskonstanten c_1 und c_2 kann der Verlauf an die gegebenen Randbedingungen y_H, a_0 angepasst werden. Die Beschleunigung a_0 darf entsprechend dem Zusammenhang (3.2) im Maximum von $\kappa(x)$ nicht überschritten werden, daraus lässt sich die benötigte Längsausdehnung x_H des

Ausweichlenkmanövers ableiten, sie ist jedoch nur noch numerisch bestimmbar. Dies führt auf Gleichung (3.30).

$$
\begin{aligned}
y(x) &= c_1 x + c_2 + \kappa_0 \Bigg[\left(1 + e^{-\frac{x_H}{c_0}}\right) \left(\frac{1}{2} - \frac{x}{3x_H}\right) x^2 + 4\frac{c_0^3}{x_H} \left(e^{-\frac{x}{c_0}} - e^{\frac{x-x_H}{c_0}}\right) \\
&\quad - c_0^2 \left(1 - 2\frac{x}{x_H}\right) \left(e^{-\frac{x}{c_0}} + e^{\frac{x-x_H}{c_0}}\right) \Bigg] && (3.29) \\
x_H &\approx 2,345261\, v_0 \sqrt{\frac{y_H}{a_0}} && (3.30)
\end{aligned}
$$

mit:

$$
\begin{aligned}
c_0 &\approx 0,075898\, x_H \\
c_1 &:= \kappa_0 c_0 \left[2\frac{c_0}{x_H} \left(1 + e^{-\frac{x_H}{c_0}}\right) - \left(1 - e^{-\frac{x_H}{c_0}}\right) \right] \\
c_2 &:= \kappa_0 c_0^2 \left[\left(1 + e^{-\frac{x_H}{c_0}}\right) - 4\frac{c_0}{x_H} \left(1 - e^{-\frac{x_H}{c_0}}\right) \right] \\
\kappa_0 &:= \frac{6 y_H}{\left(24 c_0^2 + x_H^2\right)\left(1 + e^{-\frac{x_H}{c_0}}\right) - 6\left(8 c_0^2 + x_H^2\right) \frac{c_0}{x_H} \left(1 - e^{-\frac{x_H}{c_0}}\right)}
\end{aligned}
$$

Der Ansatz zur Berechnung der Trajektorie über die Ein- bzw. Ausblendung des unstetigen Krümmungsverlaufs des Polynoms dritter Ordnung mag willkürlich erscheinen, insbesondere aufgrund der nur numerisch angebbaren Parameter c_0 und x_H, tatsächlich stellt sie aber im Vergleich zu den übrigen vorgestellten Trajektorien diejenige dar, die bei geforderter Stetigkeit der Krümmung die kürzeste Distanz x_H für das Manöver benötigt und den kleinsten Wert im Sinne des Integralkriteriums (3.21) nach dem Polynom dritter Ordnung aufweist, vgl. Tabelle 3.1 und Bild 3.2. Nachteilig für die beschriebene Trajektorie ist jedoch, dass sie im Vergleich zu einer Ausweichlenktrajektorie in Form eines Polynoms oder einer Sinus-Rampe deutlich komplizierter zu berechnen ist. Die Anpassung der Sigmoide an die gegebenen Randbedingungen ist aber ebenfalls mit nicht unerheblichem rechnerischen Aufwand verbunden und kann nur numerisch gelöst werden, auch wenn die Bahn selbst sehr kompakt beschreibbar ist. Des Weiteren bleibt abschließend die Frage offen, ob es nicht noch weitere, unbekannte Ausweichlenktrajektorien gibt, die eine kürzere Distanz zum Hindernis bei gegebener Krümmungsstetigkeit als die bisher bekannten benötigen.

3.2 Ausweichmanöver mit kombiniertem Brems-Lenkeingriff

Bisher sind ausschließlich Ausweichlenkmanöver untersucht worden. Aus den dargestellten Krümmungsverläufen wird jedoch deutlich, dass das zur Verfügung stehende Querbeschleunigungspotenzial und die damit übertragbare Kraft nur in relativ kurzen Zeiträumen im Verhältnis zur Manöverdauer voll ausgeschöpft werden. Durch eine Nutzung des gesamten maximal übertragbaren Beschleunigungspotenzial über den vollen Zeitraum des Manövers, indem ein paralleler Bremseingriff erfolgt, kann gezeigt werden, dass sich Ausweichmanöver mit noch kürzerem Streckenbedarf finden lassen.

3.2.1 Ausweichmanöver auf Basis der Extremaltrajektorie

Das letztmögliche Kollisionsvermeidungsmanöver entsprechend Gleichung (2.40) lässt sich zu einem vollständigen Ausweichmanöver erweitern, indem die Trajektorie im Anschluss durch eine Beschleunigung in negative y-Richtung fortgesetzt wird, sodass am Ende des Manövers das Egofahrzeug wieder in die ursprüngliche Richtung orientiert ist [Sch05]. Bei einem isotropen Beschleunigungsvermögen ergibt sich der Umlenkpunkt (x_1, y_1) zum Zeitpunkt t_1 für ein stehendes oder mit der Geschwindigkeit $v_{x\,V1}$ konstant bewegtes Hindernis zu:

$$x_1 = \frac{1}{2} a_0 \cos\zeta_1 t_1^2 + (v_0 - v_{x\,V1})\, t_1 \qquad (3.31)$$

$$y_1 = \frac{1}{2} a_0 \sin\zeta_1 t_1^2 \,. \qquad (3.32)$$

Mit der noch zu bestimmenden Beschleunigungsrichtung ζ_1 besitzt das Egofahrzeug im Umlenkpunkt (x_1, y_1) die Relativgeschwingdigkeit:

$$v_{1x} = a_0 \cos\zeta_1 t_1 + (v_0 - v_{x\,V1}) \qquad (3.33)$$

$$v_{1y} = a_0 \sin\zeta_1 t_1 \,. \qquad (3.34)$$

Die sich ergebende Trajektorie zeigt Bild 3.4. Anhand der Darstellung wird offensichtlich, dass die Beschleunigung für das Zurücklenken im zweiten Teil des Ausweichmanövers exakt in negative y-Richtung weisen muss. Nur dann wird das Egofahrzeug im Passierungspunkt des Hindernisses so auf die Einhüllende der Aufenthaltsgebiete geführt, dass es wieder in die ursprüngliche Richtung orientiert ist:

$$a_{2x} = 0 \qquad \wedge \qquad a_{2y} = -a_0 \,. \qquad (3.35)$$

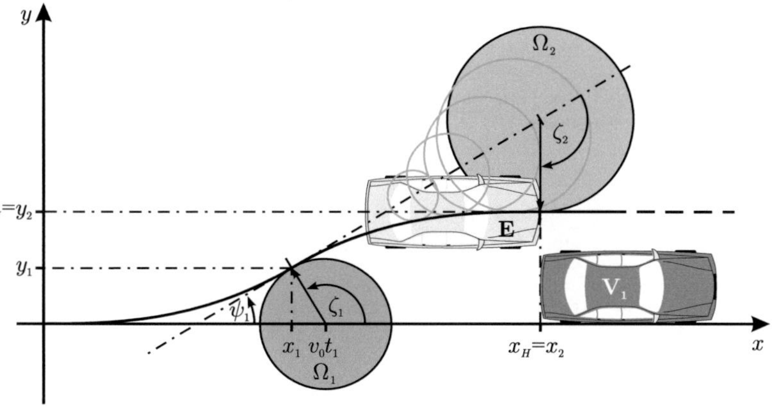

Bild 3.4: Ausweichmanöver basierend auf der Extremaltrajektorie

Mithilfe des Gierwinkels $\psi_1 = \zeta_1 - \frac{\pi}{2}$ im Umlenkpunkt lässt sich leicht ablesen, dass im zweiten Segment des Ausweichmanövers für die Beschleunigungsrichtung ζ_2

$$\zeta_2 = -\zeta_1 \tag{3.36}$$

gelten muss. Der Endpunkt des Ausweichmanövers (x_2, y_2) zum Zeitpunkt $t_1 + t_2$ folgt zu:

$$x_2 = x_1 + v_{1x}t_2 \tag{3.37}$$

$$y_2 = y_1 + v_{1y}t_2 - \frac{1}{2}a_0t_2^2 \ , \tag{3.38}$$

während am Ende des Manövers sich die Geschwindigkeit zu

$$v_{2x} = v_{1x} \tag{3.39}$$

$$v_{2y} = v_{1y} - a_0t_2 \tag{3.40}$$

ergibt. Da das Egofahrzeug zum Schluss wieder in die ursprüngliche Richtung fahren muss, gilt ferner:

$$v_{2y} = 0 \qquad \wedge \qquad y_2 = y_H \ , \tag{3.41}$$

sodass mittels Gleichung (3.34) der Zusammenhang

$$t_2 = t_1 \sin\zeta_1 \tag{3.42}$$

resultiert. Daraus lässt sich mittels Gleichung (3.38) der Zeitpunkt t_1 berechnen:

$$y_2 \stackrel{!}{=} y_H = \underbrace{\frac{1}{2} a_0 \sin\zeta_1 t_1^2}_{y_1} + \underbrace{a_0 \sin\zeta_1 t_1}_{v_{1y}} \underbrace{\sin\zeta_1 t_1}_{t_2} - \frac{1}{2} a_0 \underbrace{\sin^2\zeta_1 t_1^2}_{t_2^2} \tag{3.43}$$

$$\vdots$$

$$\Rightarrow \quad t_1 = \sqrt{\frac{2 y_H}{a_0 \sin\zeta_1 \left(1+\sin\zeta_1\right)}} \,. \tag{3.44}$$

Der zu minimierende Abstand zum Hindernis x_H unter der Beschleunigungsrichtung ζ_1 bestimmt sich anschließend:

$$x_2 \stackrel{!}{=} x_H = \underbrace{\frac{1}{2} a_0 \cos\zeta_1 t_1^2 + \left(v_0 - v_{x\,V1}\right) t_1}_{x_1} + \underbrace{\left(a_0 \cos\zeta_1 t_1 + v_0 - v_{x\,V1}\right)}_{v_{1x}} \underbrace{\sin\zeta_1 t_1}_{t_2} \tag{3.45}$$

$$\vdots$$

$$x_H = \left(v_0 - v_{x\,V1}\right) \sqrt{\frac{2 y_H \left(1+\sin\zeta_1\right)}{a_0 \sin\zeta_1}} + y_H \frac{\cos\zeta_1}{\sin\zeta_1} \frac{1+2\sin\zeta_1}{1+\sin\zeta_1} \,. \tag{3.46}$$

Als notwendige Bedingung zur Minimierung des Hindernisabstands x_H und der Bestimmung des optimalen Winkels ζ_{opt} muss die erste Ableitung nach ζ_1 null sein:

$$\zeta_{\text{opt}}: \quad \frac{\partial x_H}{\partial \zeta_1} \stackrel{!}{=} 0 \,. \tag{3.47}$$

Daraus ergibt sich eine Bestimmungsgleichung, die nur noch numerisch lösbar ist:

$$\left(v_0 - v_{x\,V1}\right) \frac{-\cos\zeta_{\text{opt}}}{\sin^2\zeta_{\text{opt}}} \sqrt{\frac{y_H \sin\zeta_{\text{opt}}}{2 a_0 \left(1+\sin\zeta_{\text{opt}}\right)}} + 4 y_H \frac{\sin\zeta_{\text{opt}} - 1 - \sin\zeta_{\text{opt}} \cos^2\zeta_{\text{opt}}}{\sin^2(2\zeta_{\text{opt}})} = 0 \,. \tag{3.48}$$

Mit der so berechneten optimalen Beschleunigungsrichtung folgt die Trajektorie des Ausweichmanövers schlussendlich zu:

$$t \le t_1: \quad x(t) = \frac{1}{2} a_0 \cos\zeta_{\text{opt}} t^2 + v_1 t \tag{3.49}$$

$$y(t) = \frac{1}{2} a_0 \sin\zeta_{\text{opt}} t^2 \tag{3.50}$$

$$t > t_1: \quad x(t) = \left(v_1 + a_0 \cos\zeta_{\text{opt}} t_1\right) t - \frac{1}{2} a_0 \cos\zeta_{\text{opt}} t_1^2 \tag{3.51}$$

$$y(t) = \frac{1}{2} a_0 \left(\sin\zeta_{\text{opt}} t_1 t - (t-t_1)^2\right) \,. \tag{3.52}$$

Die gefundene Trajektorie stellt die Erweiterung der Extremaltrajektorie zu einem vollständigen Spurwechsel dar und weist somit ebenfalls die bekannten Unstetigkeiten der Krümmung zu Beginn und am Ende, sowie zusätzlich im Umlenkpunkt auf. Folglich existieren drei Krümmungssprünge im Verlauf der Trajektorie.

3.2.2 Ausweichmanöver auf Basis eines Optimierungsansatzes

Obwohl die Problemstellung zur Berechnung des Kollisionsvermeidungs- und Ausweichmanövers eingangs trivial erschienen sein mag und eventuell eine nahe liegende Lösung vermutet wurde, wird offensichtlich, dass sich die Berechnung der letztmöglichen Trajektorie unter Ausnutzung der maximal verfügbaren Beschleunigung deutlich komplexer gestaltet. Im Folgenden wird der Versuch unternommen, das letztmögliche, ideale Ausweichmanöver vor einem Hindernis mithilfe eines Optimierungsverfahrens zu bestimmen. Dies ist mit Hinblick auf die unmittelbare Erkennung eines kritischen Verkehrsszenarios im praktischen Einsatz aufgrund der Sicherstellung der Konvergenz der Lösung und der verfügbaren Rechenleistung zwar kritisch zu hinterfragen, es können aber anhand der Untersuchung entscheidende Erkenntnisse abgeleitet werden.

Zur Beschreibung des letztmöglichen Ausweichmanövers als ein Optimierungsproblem muss zunächst die Trajektorie in einer geeigneten Form dargestellt werden. Dazu werden $n+1$ Punkte (t_i, ζ_i) definiert, die den Verlauf des Beschleunigungswinkels $\zeta(t)$ über der Zeit t beschreiben, wie es Bild 3.5 verdeutlicht. Zwischen diesen Stützstellen wird linear interpoliert, wobei die Zeitpunkte t_i nicht zwangsläufig äquidistant sein müssen, denn leider ist vorab nicht bekannt, welche Zeit t_n insgesamt für das Ausweichmanöver benötigt wird. Um einerseits einen zufrieden stellenden und ausreichenden Detaillierungsgrad zu gewährleisten und um andererseits den Rechenaufwand und die

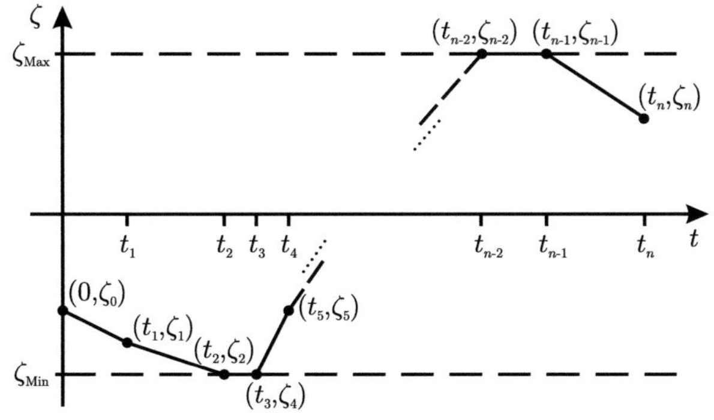

Bild 3.5: Verlauf des Beschleunigungswinkels zur Formulierung des Optimierungsproblems

Iterationsschritte in Grenzen zu halten, können die Zeitpunkte t_i nicht a-priori festgelegt werden, sondern müssen im Zuge des Optimierungsverfahrens verschiebbar sein. Lässt man das Manöver zum Zeitpunkt null beginnen, so ergeben sich $2n+1$ Werte, die im Vektor $\underline{z}$ zusammengefasst werden:

$$\underline{z} \in \mathbb{R}^{2n+1} \; : \quad \underline{z} = \begin{pmatrix} t_1 & t_2 & t_3 & \dots & t_n & | & \zeta_0 & \zeta_1 & \zeta_2 & \dots & \zeta_n \end{pmatrix}' . \tag{3.53}$$

Aus dem Beschleunigungswinkel (t_i, ζ_i) ergeben sich die Stützstellen $a_x(t_i)$ und $a_y(t_i)$ für die Verläufe der Beschleunigungen in Längs- und Querrichtung zu:

$$a_x(t_i) \;=\; a_{i\,x} \;=\; a_0 \cos\zeta_i \tag{3.54}$$

$$a_y(t_i) \;=\; a_{i\,y} \;=\; a_0 \sin\zeta_i \, . \tag{3.55}$$

Aufgrund der Periodizität der Sinus- und Cosinus-Funktion darf sich der Beschleunigungswinkel ζ_i nur im Bereich zwischen null und 2π bewegen. Diese Randbedingung lässt sich anhand der gewonnenen Erkenntnisse zur Kollisionsvermeidung und bezüglich der Fahrerakzeptanz schärfer eingrenzen, indem nur eine negative Beschleunigung, also ausschließlich ein bremsender Eingriff während des Ausweichmanövers zugelassen wird:

$$\frac{\pi}{2} \;\leq\; \zeta_i \;\leq\; \frac{3\pi}{2} \, . \tag{3.56}$$

Eine gültige Lösung bedingt ferner, dass die Zeitpunkte t_i streng monoton steigend sind:

$$0 \;<\; t_1 \;<\; t_2 \;<\; \dots \;<\; t_{n-1} < t_n \, . \tag{3.57}$$

Darüber hinaus lässt sich die Konvergenz des Optimierungsverfahrens verbessern, wenn ein Mindestabstand Δt zwischen zwei direkt aufeinander folgenden Zeitpunkten eingehalten wird:

$$t_i - t_{i-1} \geq \Delta t \, . \tag{3.58}$$

Die Geschwindigkeit in y-Richtung lässt sich durch numerische Integration auf Basis der Trapezformel recht einfach bestimmen:

$$\begin{aligned} v_y(t_i) = v_{i\,y} \;&=\; \sum_{j=1}^{i} \frac{a_{j\,y} + a_{(j-1)\,y}}{2} \left(t_j - t_{j-1}\right) \\ &=\; \frac{1}{2} a_{i\,y}\, t_i + \frac{1}{2} \sum_{j=1}^{i} \left(a_{(j-1)\,y}\, t_j - a_{j\,y}\, t_{j-1}\right) \, . \end{aligned} \tag{3.59}$$

Die Längsgeschwindigkeit ergibt sich analog unter Berücksichtigung der Startgeschwindigkeit v_0. Am Ende des Ausweichmanövers soll das Fahrzeug wieder in die ursprüngliche Richtung fahren, sodass die Gleichung

$$v_y(t_n) = v_{n\,y} = 0 \tag{3.60}$$

für die laterale Geschwindigkeit erfüllt sein muss. Die laterale Position erhält man durch nochmalige numerische Integration der Geschwindigkeit nach gleichem Schema:

$$y(t_i) = y_i = \frac{1}{2} v_{i\,y}\, t_i + \frac{1}{2} \sum_{j=1}^{i} \left(v_{(j-1)\,y}\, t_j - v_{j\,y}\, t_{j-1} \right) . \tag{3.61}$$

Am Ende des Ausweichmanövers muss wiederum die Zwangsbedingung

$$y(t_n) = y_n = y_H \tag{3.62}$$

eingehalten werden, die sich unmittelbar aus der vorherigen numerischen Integration formulieren lässt. Da mithilfe des Optimierungsverfahrens unter Variation der Beschleunigungsrichtung die insgesamt benötigte Strecke des Ausweichmanövers bis zum Hindernis zu minimieren ist, ergibt sich die Zielfunktion aus dem zurückgelegten Weg x_n zum Zeitpunkt t_n, deren Berechnung analog zu Gleichung (3.61) erfolgt:

$$\min_{\underline{z} \in \mathbb{D}} \{x_H(\underline{z})\} \qquad \text{mit}: \quad x_H = x_n = \frac{1}{2} v_{n\,x}\, t_n + \frac{1}{2} \sum_{i=1}^{n} \left(v_{(i-1)\,x}\, t_i - v_{i\,x}\, t_{i-1} \right) . \tag{3.63}$$

Unter Berücksichtigung der zuvor beschriebenen Nebenbedingung lässt sich das Optimierungsproblem in Gleichung (3.65) zusammenfassen. Dabei soll das Fahrzeug das Hindernis am Ende des Manövers passieren. Soll hingegen bereits in der ersten Lenkbewegung am Hindernis vorbei gefahren werden, so müssen die Nebenbedingung und die Zielfunktion

$$y(t_i < t_n) = y_i = y_H \qquad \wedge \qquad \min_{\underline{z} \in \mathbb{D}} \{x_i(\underline{z})\} \tag{3.64}$$

angepasst werden. Die geforderte Orientierung zum Ende des Manövers bei x_n bleibt jedoch unverändert. Weitere Details und Berechnungsvorschriften zur Lösung dieses und ähnlicher konvexer Optimierungsprobleme finden sich in [Ant07] und [Boy09]. Der Berechnungsalgorithmus für dieses Problem wird in [Col96] näher erläutert.

Im Bild 3.6 ist ein Beispielszenario für eine Geschwindigkeit von $v_0 = 100\,\text{km/h}$ und eine Hindernisbreite von $y_H = 1{,}8\,\text{m}$ untersucht und das letztmögliche Ausweichmanöver berechnet worden. Dabei erwies sich eine Wahl von zehn Stützstellen als günstig bezüglich Konvergenz, Geschwindigkeit und zu erwartendem Verlauf. Wird die Anzahl der Stützstellen deutlich größer gewählt ($n \geq 20$), so neigt die Lösung

Optimierungsproblem:

$$\min_{\underline{z}\in\mathbb{D}} \{x_n(\underline{z})\} \tag{3.65}$$

$$\mathbb{D} = \left\{ \underline{z} \in \mathbb{R}^{2n+1} \,\middle|\, \begin{array}{rcl} t_i = z_i : & 0 < z_i & , \; i = 1 \ldots n \\ \zeta_{i-n-1} = z_i : & \frac{\pi}{2} \le z_i \le \frac{3\pi}{2} & , \; i = (n+1) \ldots (2n+1) \end{array} \right\}$$

Zielfunktion:

$$x_n(\underline{z}) = \frac{1}{2} z_n \, v_{n\,x} + \frac{1}{2} \sum_{i=1}^{n} \left(z_i \, v_{(i-1)\,x} - z_{i-1} \, v_{i\,x} \right)$$

Nebenbedingungen:

$$\left(\begin{array}{cccccc|c} -1 & 0 & 0 & \cdots & 0 & 0 & \\ 1 & -1 & 0 & & 0 & 0 & \\ 0 & 1 & -1 & & 0 & 0 & \\ \vdots & & \ddots & \ddots & & \vdots & \mathcal{O}_{(n,n+1)} \\ \vdots & & & \ddots & -1 & 0 & \\ 0 & 0 & 0 & & 1 & -1 & \end{array} \right) \left(\begin{array}{c} z_1 \\ \vdots \\ z_n \\ \hline z_{n+1} \\ \vdots \\ z_{2n+1} \end{array} \right) \le - \left(\begin{array}{c} \Delta t \\ \Delta t \\ \Delta t \\ \vdots \\ \Delta t \end{array} \right)$$

$$z_n \sin z_{2n+1} + \sum_{i=1}^{n} \left(z_i \sin z_{n+i} - z_{i-1} \sin z_{(n+1)+i} \right) = 0 \quad \text{mit: } z_0 = 0$$

$$v_{n\,y} \, z_n + \sum_{i=1}^{n} \left(v_{(i-1)\,y} \, z_i - v_{i\,y} \, z_{i-1} \right) = 2y_H$$

Hilfsfunktionen:

$$v_{i\,x} = \frac{a_0}{2} z_i \cos z_{(n+1)+i} + \frac{a_0}{2} \sum_{j=1}^{i} \left(z_j \cos z_{n+j} - z_{j-1} \cos z_{(n+1)+j} \right) + v_0$$

$$v_{i\,y} = \frac{a_0}{2} z_i \sin z_{(n+1)+i} + \frac{a_0}{2} \sum_{j=1}^{i} \left(z_j \sin z_{n+j} - z_{j-1} \sin z_{(n+1)+j} \right) \quad \text{mit: } z_0 = 0$$

zu Oszillationen und Sprüngen im Verlauf, da der Einfluss eines jeden einzelnen zu optimierenden Parameters auf die Zielfunktion deutlich abnimmt und im gradientenbasierten Optimierungsalgorithmus Konvergenzprobleme auftreten. Für eine große Anzahl an Optimierungsparametern bieten sich zwar evolutionäre Algorithmen an. Diese bleiben für gewöhnlich nicht in lokalen Minima hängen und arbeiten deutlich besser auf stark nichtlinearen und insbesondere unstetigen Zielfunktionen. Demgegenüber sind sie allerdings auch deutlich langsamer [Ger04]. Da sich jedoch zeigte, dass die Anzahl an Stützstellen von $n < 20$ vollkommen ausreichend ist, wird nicht auf diese Algorithmen zurückgegriffen. In der dargestellten Lösung erkennt man deutlich,

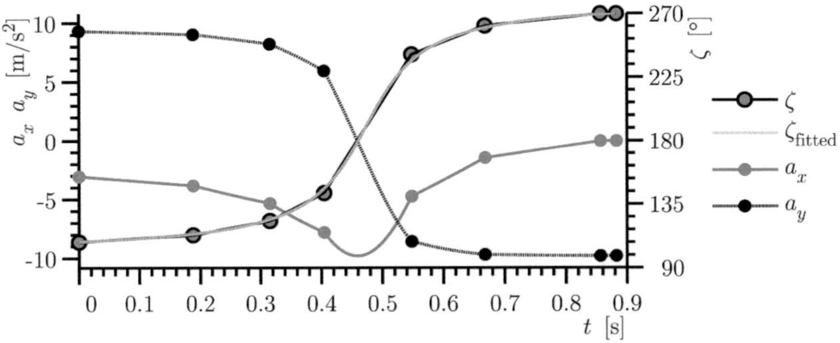

Bild 3.6: Beschleunigungsverlauf während des optimalen Ausweichmanövers ($a_0 = 9,81\,\text{m/s}^2$, $v_0 = 100\,\text{km/h}$, $y_H = 1,8\,\text{m}$)

dass das Manöver nicht mit einem reinen Lenkeingriff beginnt, sondern der Beschleunigungswinkel zu Beginn eine Bremskomponente besitzt ($\zeta_0 \approx 110°$). Erst zum Schluss des Manövers geht die Beschleunigungsrichtung in eine reine Lenkbewegung in negative y-Richtung ($\zeta_n \approx 270°$) über, so wie es auch im vorherigen Abschnitt 3.2.1 bei der Berechnung der Ausweichtrajektorie auf Basis der Aufenthaltskreise geschehen ist. Der Verlauf der Längs- und der Querbeschleunigung zwischen den Stützstellen ist erwartungsgemäß nichtlinear aufgrund der Cosinus- bzw. Sinus-Abhängigkeit der Beschleunigungen vom Winkel ζ.

3.2.3 Ausweichmanöver auf Basis der Arkustangens-Funktion

Interessanterweise lässt sich der Verlauf des ermittelten Beschleunigungswinkels ζ sehr gut durch eine Arkustangens-Funktion approximieren, wie es im Bild 3.6 durch die Kurve ζ_{fitted} bereits angedeutet ist. Diese erstaunlich gute Approximation gilt nicht nur für diesen speziellen Fall, sondern ist generell für unterschiedliche Hindernisbreiten, Geschwindigkeiten und isotrope Beschleunigungen möglich. Beispielhaft wird im Bild 3.7 für eine Geschwindigkeit von $v_0 = 100\,\text{km/h}$ die Hindernisbreite variiert und das Ausweichmanöver auf Basis des Optimierungsansatzes berechnet. Anschließend wird die Modellfunktion

$$\zeta(t) = \pi + \arctan\left(c_1\ (t - t_0)\right) + c_0 \tag{3.66}$$

in den Verlauf eingepasst. Während die beiden Parameter c_0 und t_0 den Mittelpunkt der Arkustangens-Funktion verschieben, kann über den Verstärkungsfaktor c_1 der Verlauf gestreckt oder gestaucht werden. Als viertes bestimmt der noch einzuführende

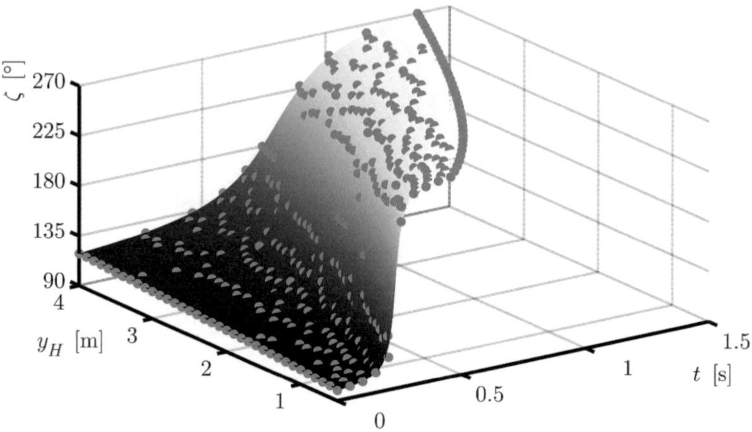

Bild 3.7: Approximation des Beschleunigungswinkelverlaufs während des optimalen Ausweichmanövers ($a_0 = 9{,}81\,\mathrm{m/s^2}$, $v_0 = 100\,\mathrm{km/h}$)

Parameter t_n die Gesamtdauer des Manövers. Definiert man den Approximationsfehler $\mathcal{R}$ der Modellfunktion (3.66) bezüglich der durch das Optimierungsverfahren bestimmten Stützstellen ζ_i als Summe der Fehlerquadrate:

$$\mathcal{R} := \sum_{i=0}^{n} \frac{1}{n} \left(\zeta(t_i) - \zeta_i \right)^2 , \tag{3.67}$$

so ergibt sich für weite Bereiche der Geschwindigkeit ($35\,\mathrm{km/h} \leq v_0 \leq 100\,\mathrm{km/h}$) und der Hindernisbreite ($0{,}5\,\mathrm{m} \leq y_H \leq 4\,\mathrm{m}$) ein Fehler $\mathcal{R}$, der deutlich kleiner als $0{,}001\,\mathrm{rad}^2$ ist. Nur im Bereich sehr schmaler Hindernisse ist dieser Fehler etwas vergrößert. Dies lässt sich anschaulich dadurch erklären, dass der Beschleunigungswinkel ζ im Bereich des Richtungswechsels sehr steil verlaufen muss und der anteilige Bremseingriff zu Beginn fast nicht mehr vorhanden ist ($\zeta(0) \rightarrow \pi/2$ bzw. $90°$). In diesen Konstellationen konvergiert das Optimierungsverfahren merklich schlechter und der Verlauf der Stützstellen neigt zu lokalen Oszillationen, sodass letztlich die Ursache für den größeren Approximationsfehler in den suboptimalen Stützstellen liegt. Betrachtet man zur quantitativen Einordnung dieses Werts nochmals die gefittete Arctan-Kurve in Bild 3.6, die den Verlauf der Stützstellen äußerst gut widerspiegelt, so ergibt sich für diese bei der gleichen Anzahl n Stützstellen ein Fehler von $\mathcal{R} = 0{,}00131\,\mathrm{rad}^2$, was einem mittleren Fehler im Winkel $\overline{\Delta\zeta} = \sqrt{\mathcal{R}}$ von etwa $2°$ entspricht und der Approximationsfehler defacto vernachlässigt werden kann. Im Folgenden soll daher die Anpassung der Modellfunktion an das Ausweichszenario erläutert werden.

Anhand der Beschleunigungsrichtung ζ ergibt sich die Zerlegung in Längs- und Querrichtung:

$$a_x(t) = a_0 \cos\zeta(t) \quad = \quad -a_0 \cos\big(\arctan(c_1\ (t-t_0)) + c_0\big) \tag{3.68}$$
$$a_y(t) = a_0 \sin\zeta(t) \quad = \quad -a_0 \sin\big(\arctan(c_1\ (t-t_0)) + c_0\big)\ . \tag{3.69}$$

Mit den bekannten Umrechnungen zwischen den trigonometrischen Funktionen im vorliegenden Gültigkeitsbereich $[-\frac{\pi}{2}, \frac{\pi}{2}]$

$$\sin\alpha = \frac{\tan\alpha}{\sqrt{1+\tan^2\alpha}} \qquad \cos\alpha = \frac{1}{\sqrt{1+\tan^2\alpha}} \tag{3.70}$$

lassen sich die Beschleunigungen unter Zuhilfenahme der Additionstheoreme umformen:

$$a_x(t) \quad = \quad -a_0 \frac{-c_1(t-t_0)\sin c_0 + \cos c_0}{\sqrt{1+c_1^2(t-t_0)^2}} \tag{3.71}$$
$$a_y(t) \quad = \quad -a_0 \frac{c_1(t-t_0)\cos c_0 + \sin c_0}{\sqrt{1+c_1^2(t-t_0)^2}}\ . \tag{3.72}$$

Durch Integration der lateralen Beschleunigung ergibt sich die Geschwindigkeit v_y zu:

$$\begin{aligned} v_y(t) &= -a_0 \int\limits_0^t \frac{c_1(\tau-t_0)\cos c_0 + \sin c_0}{\sqrt{1+c_1^2(\tau-t_0)^2}}\, d\tau \\ &= -\frac{a_0}{c_1}\left[\cos c_0 \sqrt{1+c_1^2(\tau-t_0)^2} + \sin c_0\, \mathrm{Arsinh}\,(c_1(\tau-t_0))\right]_{\tau=0}^{t} \\ &\ \vdots \\ &= \frac{a_0}{c_1}\Big[\cos c_0 \Big(\sqrt{1+c_1^2 t_0^2} - \sqrt{1+c_1^2(t-t_0)^2}\Big) \\ &\qquad - \sin c_0 \Big(\mathrm{Arsinh}(c_1(t-t_0)) + \mathrm{Arsinh}(c_1 t_0)\Big)\Big]\ . \end{aligned} \tag{3.73}$$

Am Ende des Ausweichmanövers muss das Egofahrzeug wieder in die ursprüngliche Richtung orientiert sein, ergo muss $v_y(t_n) = 0$ gelten, woraus sich der Parameter c_0 relativ leicht bestimmen lässt:

$$v_y(t_n) \stackrel{!}{=} 0 \quad \Rightarrow \quad c_0 = \arctan\left(\frac{\sqrt{1+c_1^2 t_0^2} - \sqrt{1+c_1^2(t_n-t_0)^2}}{\mathrm{Arsinh}(c_1(t_n-t_0)) + \mathrm{Arsinh}(c_1 t_0)}\right)\ . \tag{3.74}$$

Leider sind die weiteren Randbedingungen nicht mehr analytisch auswertbar. Die Berechnung der lateralen Position aus der nochmaligen Integration von Gleichung (3.74) und Gleichsetzen von y_H ist zwar noch problemlos möglich, nicht jedoch die Auflösung nach einem der offenen Parameter. Ebenso ist die Berechnung der Längsposition $x(t)$ durch zweimalige Integration von Gleichung (3.71) unproblematisch, das Minimum von $x(t_n)$ hingegen nur noch numerisch zu bestimmen. Daher verbleibt ein nichtlineares Gleichungssystem hinsichtlich der drei Unbekannten t_0, t_n und c_1, das beispielsweise mit einem Optimierungsverfahren numerisch ausgewertet werden kann. Die Formulierung lässt jedoch Unstetigkeiten in der Beschleunigung zu Beginn und zum Ende des Manövers zu. Bevor die Problemstellung daher um die Vermeidung derselbigen erweitert und zusammenfassend dargestellt wird, soll zunächst der Nutzen gegenüber einem reinen Bremseingriff bewertet werden.

3.2.4 Nutzenbewertung des optimalen Ausweichmanövers auf Basis der Arkustangens-Funktion

Leider ist eine kompakte mathematische Beschreibung der Ausweichtrajektorie nicht mehr gegeben. Die Beantwortung der Frage nach dem letztmöglichen Manöver soll daher grafisch erfolgen. Dazu ist im Bild 3.8 für ein isotropes Beschleunigungsvermögen von $a_0 = 9{,}81\,\mathrm{m/s^2}$ die Geschwindigkeit und die Hindernisbreite über $0 \dots 150\,\mathrm{km/h}$ respektive $0{,}2 \dots 4\,\mathrm{m}$ variiert worden. Die benötigte minimale Distanz bis zum Hindernis ergibt die dargestellte Fläche, die sich auf der eingezeichneten Grenzlinie mit dem letzten Bremsmanöver schneidet. Das Bremsmanöver ist unabhängig von der Hindernisbreite und ist zur besseren Übersichtlichkeit nur als Projektion dargestellt. Im Gegensatz zur reinen Kollisionsvermeidung verlängert sich das Ausweichmanöver noch um den Teil des Zurücklenkens. Daher verringert sich erwartungsgemäß der Anteil der Manöver, in denen ein Ausweichen noch nach dem letztmöglichen Bremseingriff erfolgen kann, d. h. es ist nahe liegend, dass in noch häufigeren Fällen ein Bremsen das vorteilhaftere Manöver darstellt. Tatsächlich schlussfolgert die x_H-Fläche, dass das Bremsmanöver über weite Geschwindigkeitsbereiche das Manöver der Wahl ist. Lediglich für schmale Hindernisse ist der Vorteil bei weitem nicht mehr so groß und das Ausweichmanöver stellt schon im niedrigen Geschwindigkeitsbereich das letztmögliche Manöver zur Kollisionsvermeidung dar.

In Bild 3.9 ist ein Schnitt entlang der Hindernisbreite von $y_H = 1{,}8\,\mathrm{m}$ aus der Darstellung des Bilds 3.8 gezeichnet und um den benötigten minimalen Hindernisabstand für ein Ausweichlenkmanöver im Sinne der krümmungsoptimierten Trajektorie, vgl. Abschnitt 3.1.3 ergänzt worden. Erst ab einer Relativgeschwindigkeit von ca. $52{,}5\,\mathrm{km/h}$ wird die benötigte Distanz für das Ausweichmanöver kleiner als bei einem reinen Bremseingriff. Das Ausweichlenkmanöver ist sogar erst ab einer Geschwindigkeit von $71\,\mathrm{km/h}$ vorzuziehen. Im Bild 3.10 ist der Winkel der Beschleunigung zu Beginn und

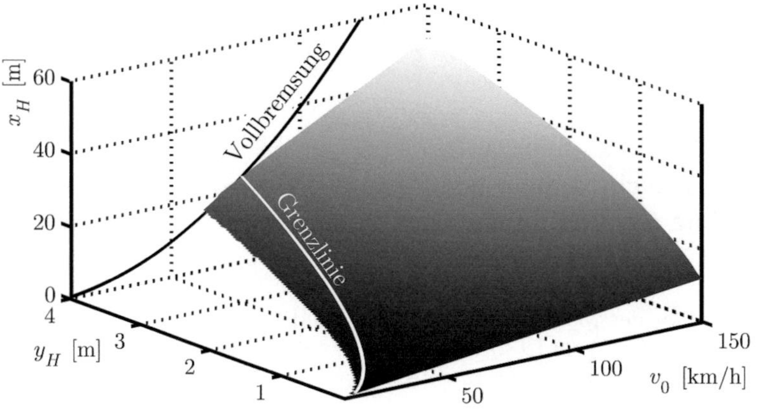

Bild 3.8: Minimaler Hindernisabstand des optimalen Ausweichmanövers ($a_0 = 9,81\,\mathrm{m/s^2}$)

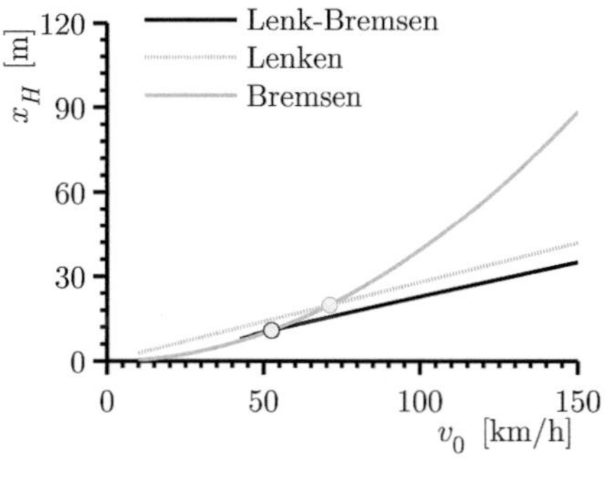

Bild 3.9: Minimale Distanz zum Ausweichen ($y_H = 1,8\,\mathrm{m}$, $a_0 = 9,81\,\mathrm{m/s^2}$)

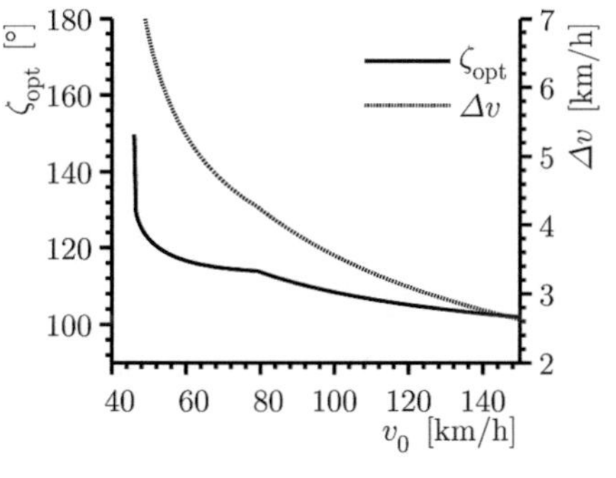

Bild 3.10: Geschwindigkeitsabnahme und Beschleunigungswinkel ($y_H = 1,8\,\mathrm{m}$, $a_0 = 9,81\,\mathrm{m/s^2}$)

die Geschwindigkeitsreduktion bis zum Ende des Manövers dargestellt. Für hohe Geschwindigkeiten nimmt der Bremseingriff erwartungsgemäß ab, ist aber zu Beginn deutlich größer als man es vom letzten kollisionsvermeidenden Manöver erwartet hätte, vgl. Bild 2.13. Die Reduzierung der Geschwindigkeit ist aber aufgrund der frühen Zurücknahme des Bremseingriffs über alle Manöverkonstellationen letztlich gering. Unterhalb einer Geschwindigkeit von etwa 46 km/h findet sich kein geeignetes Ausweichmanöver mehr, da der Teilbremseingriff das Egofahrzeug bereits in den Stillstand abbremst, sodass sich keine optimale Beschleunigungsrichtung mehr berechnen lässt.

In diesem Fall benötigt eine Vollbremsung einen kürzeren Abstand zum Hindernis und ist dem Ausweichen letztendlich vorzuziehen.

3.2.5 Ausweichmanöver auf Basis der Arkustangens-Funktion ohne Sprünge in der Beschleunigung

Ausgehend von der Modellfunktion entsprechend Gleichung (3.66) werden die Beschleunigungen (3.71) und (3.72) zu Beginn und am Ende ein- bzw. ausgeblendet, ähnlich wie es bereits bei der krümmungsoptimierten Ausweichlenktrajektorie in Gleichung (3.28) erfolgt ist:

$$a_x(t) = -a_0 \frac{-c_1(t-t_0)\sin c_0 + \cos c_0}{\sqrt{1+c_1^2(t-t_0)^2}} \left(1 - e^{-\frac{t}{T_{\mathrm{Brake}}}}\right)\left(1 - e^{\frac{t-t_n}{T_{\mathrm{Brake}}}}\right) \tag{3.75}$$

$$a_y(t) = -a_0 \frac{c_1(t-t_0)\cos c_0 + \sin c_0}{\sqrt{1+c_1^2(t-t_0)^2}} \left(1 - e^{-\frac{t}{T_{\mathrm{Brake}}}}\right)\left(1 - e^{\frac{t-t_n}{T_{\mathrm{Brake}}}}\right) . \tag{3.76}$$

Mittels des Parameters T_{Brake} wird die Dauer der Ein- und Ausblendung beschrieben, die für $3T_{\mathrm{Brake}}$ zu 95% erfolgt ist. Für gewöhnlich besitzt ein Bremseingriff in modernen Kraftfahrzeugen eine Ansprech- und Schwellzeit von ca. $0{,}1 \ldots 0{,}2\,\mathrm{s}$ bis nennenswerte Bremskraft anliegt [Bre06]. Der Mittelwert $0{,}15\,\mathrm{s}$ ergibt daher $T_{\mathrm{Brake}} = 50\,\mathrm{ms}$, wobei auf eine Unterscheidung zwischen Lenk- und Bremseingriff verzichtet wird. Durch diese Ergänzung in der longitudinalen und der lateralen Beschleunigung ist die Lösung (3.74) für den Parameter c_0 nicht mehr gültig. Leider lassen sich die Beschleunigungen symbolisch nicht kompakt integrieren, sodass sich die Geschwindigkeiten v_x und v_y nur noch numerisch auswerten lassen, was im Hinblick auf eine leicht anwendbare Lösung für die Trajektorie des optimalen Ausweichmanövers leider unvorteilhaft ist. In Anlehnung an die Formulierung (3.65) folgt der Optimierungsvektor:

$$\underline{z} \in \mathbb{R}^4 : \qquad \underline{z} = \begin{pmatrix} t_0 & t_n & c_0 & c_1 \end{pmatrix}' , \tag{3.77}$$

wobei für die ersten beiden Elemente gelten muss:

$$0 < t_0 < t_n \tag{3.78}$$

$$t_n - t_0 \geq \Delta t . \tag{3.79}$$

Ein Wert von $\Delta t = 0{,}1\,\mathrm{s}$ erweist sich wiederum als günstig für die Konvergenz des Optimierungsverfahrens. Setzt man für die numerische Integration n Schritte an, so ergeben sich bei einer Integrationsschrittweite von t_n/n die beiden Beschleunigungen $a_x(t_i)$ und $a_y(t_i)$ zum Zeitpunkt t_i zu:

$$a_x(t_i) = a_{i\,x} = -a_0\,\frac{-c_1(\frac{i}{n}\,t_n - t_0)\sin c_0 + \cos c_0}{\sqrt{1 + c_1^2(\frac{i}{n}\,t_n - t_0)^2}}\left(1 - e^{-\frac{i\,t_n}{nT_{\text{Brake}}}}\right)\left(1 - e^{\frac{(i/n-1)t_n}{T_{\text{Brake}}}}\right) \tag{3.80}$$

$$a_y(t_i) = a_{i\,y} = -a_0\,\frac{c_1(\frac{i}{n}\,t_n - t_0)\cos c_0 + \sin c_0}{\sqrt{1 + c_1^2(\frac{i}{n}\,t_n - t_0)^2}}\left(1 - e^{-\frac{i\,t_n}{nT_{\text{Brake}}}}\right)\left(1 - e^{\frac{(i/n-1)t_n}{T_{\text{Brake}}}}\right). \tag{3.81}$$

Daraus folgt die Geschwindigkeit $v_{i\,x}$ anhand der Trapez-Formel und der Tatsache, dass $a_{0x} = 0$ gilt:

$$\begin{aligned} v_{i\,x} &= \sum_{j=1}^{i} \frac{a_{j\,x} + a_{(j-1)x}}{2}\,\frac{t_n}{n} + v_0 = \frac{t_n}{2n}\left(a_{0x} + a_{i\,x} + 2\sum_{j=1}^{i-1} a_{j\,x}\right) + v_0 \\ &= \frac{t_n}{n}\left(\sum_{j=1}^{i-1} a_{j\,x} + \frac{a_{i\,x}}{2}\right) + v_0\,. \end{aligned} \tag{3.82}$$

Analog berechnet sich die Geschwindigkeit $v_{i\,y}$ zu:

$$v_{i\,y} = \frac{t_n}{n}\left(\sum_{j=1}^{i-1} a_{j\,y} + \frac{a_{i\,y}}{2}\right). \tag{3.83}$$

Im Fall der Integration über die gesamte Zeitdauer des Manövers ($i = n$) entfällt der einzeln stehende Additionsterm, da $a_{n\,x} = a_{n\,y} = 0$ gilt. Dies lässt sich insbesondere für die beiden Randbedingungen, dass das Egofahrzeug am Ende wieder geradeaus orientiert sein muss und dass es die Hindernisbreite erreicht haben muss, nutzen:

$$v_{n\,y} = \frac{t_n}{n}\sum_{i=1}^{n-1} a_{i\,y} = 0 \tag{3.84}$$

$$y_n = \frac{t_n}{n}\sum_{i=1}^{n-1} v_{i\,y} = y_H\,. \tag{3.85}$$

Die zu minimierende Zielfunktion ist wiederum die benötigte Distanz x_H bis zum Hindernis. Anhand der Trapez-Formel lässt sich die zurückgelegte Strecke zum Zeitpunkt t_i numerisch berechnen:

$$x(t_i) = x_i = \frac{t_n}{n}\sum_{j=1}^{i} \frac{v_{j\,x} + v_{(j-1)x}}{2}\,. \tag{3.86}$$

Für das Optimierungskriterium folgt schlussendlich:

$$\min_{\underline{z}\in\mathbb{D}} \{x_H(\underline{z})\} \qquad \text{mit}: \quad x_H = x_n = \frac{t_n}{n}\sum_{i=1}^{n}\frac{v_{i\,x} + v_{(i-1)x}}{2}\,. \tag{3.87}$$

In Gleichung (3.88) ist die gesamte Formulierung des Optimierungsproblems nochmals zusammengefasst dargestellt. Für die Lösung eines solchen Optimierungsproblems mit nichtlinearen Restriktionen wird auf [Alt02] und [Mat02] verwiesen. Einen guten Überblick zu den verschiedenen Methoden der Trajektorienoptimierung liefert [Bet98].

Im Bild 3.11 ist die Lösung für das Beispielszenario berechnet worden. Man erkennt deutlich, wie die Quer- und Längsbeschleunigung langsam auf- und abgebaut werden. Dennoch ist auch wieder der bekannte typische Verlauf zu erkennen. Das erste Lenksegment wird von einem, wenn auch schwächeren Bremseingriff begleitet, der während des Umlenkens seinen Maximalwert erreicht und anschließend beim Zurücklenken schneller zurückgenommen wird als er aufgebaut worden ist. Für breitere Hindernisse ergibt sich ein stärkerer Bremseingriff zu Beginn und während des gesamten Manövers. Dies wird z. B. anhand des Bilds 3.7 deutlich. Aufgrund der daraus folgenden niedrigeren Querbeschleunigung ergibt sich für diese ein asymmetrischerer Verlauf.

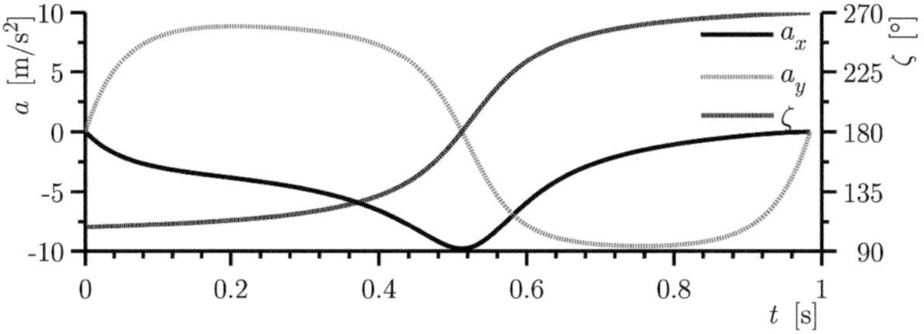

Bild 3.11: Stetige Beschleunigungsverläufe des optimalen Ausweichmanövers ($a_0 = 9{,}81\,\text{m/s}^2$, $v_0 = 100\,\text{km/h}$, $y_H = 1{,}8\,\text{m}$)

Optimierungsproblem:

$$\min_{\underline{z}\in\mathbb{D}} \{x_H(\underline{z})\} \tag{3.88}$$

$$\mathbb{D} = \left\{ \underline{z} \in \mathbb{R}^4 \;\middle|\; \begin{array}{lcrcccc} z_1 = t_0 & : & 0 & < & z_1 & & \\ z_2 = t_n & : & 0 & < & z_2 & & \\ z_3 = c_0 & : & -\infty & \leq & z_3 & \leq & \infty \\ z_4 = c_1 & : & -\infty & \leq & z_4 & \leq & \infty \end{array} \right\}$$

Zielfunktion:

$$x_H(\underline{z}) = \frac{z_2}{n} \sum_{i=1}^{n} \frac{v_{i\,x}(\underline{z}) + v_{(i-1)x}(\underline{z})}{2}$$

Nebenbedingungen:

$$\begin{pmatrix} -1 & 0 & 0 & 0 \\ 1 & -1 & 0 & 0 \end{pmatrix} \begin{pmatrix} z_1 \\ z_2 \\ z_3 \\ z_4 \end{pmatrix} \leq -\begin{pmatrix} \Delta t \\ \Delta t \end{pmatrix}$$

$$\begin{aligned} \frac{z_2}{n} \sum_{i=1}^{n-1} a_{i\,y}(\underline{z}) &= 0 \\ \frac{z_2}{n} \sum_{i=1}^{n-1} v_{i\,y}(\underline{z}) &= y_H \end{aligned}$$

Hilfsfunktionen:

$$\begin{aligned} a_{i\,x} &= -a_0 \frac{-z_4(\frac{i}{n}\, z_2 - z_1) \sin z_3 + \cos z_3}{\sqrt{1 + z_4^2(\frac{i}{n}\, z_2 - z_1)^2}} \left(1 - e^{-\frac{i\, z_2}{n T_{\text{Brake}}}}\right) \left(1 - e^{\frac{(i/n-1) z_2}{T_{\text{Brake}}}}\right) \\ a_{i\,y} &= -a_0 \frac{z_4(\frac{i}{n}\, z_2 - z_1) \cos z_3 + \sin z_3}{\sqrt{1 + z_4^2(\frac{i}{n}\, z_2 - z_1)^2}} \left(1 - e^{-\frac{i\, z_2}{n T_{\text{Brake}}}}\right) \left(1 - e^{\frac{(i/n-1) z_2}{T_{\text{Brake}}}}\right) \\ v_{i\,x} &= \frac{z_2}{n} \left(\sum_{j=1}^{i-1} a_{i\,x}(\underline{z}) + \frac{a_{i\,x}(\underline{z})}{2} \right) + v_0 \\ v_{i\,y} &= \frac{z_2}{n} \left(\sum_{j=1}^{i-1} a_{i\,y}(\underline{z}) + \frac{a_{i\,y}(\underline{z})}{2} \right) \end{aligned}$$

mit:

$n \in \mathbb{N}$: Intervallanzahl der numerischen Integration
$T_{\text{Brake}} \in \mathbb{R}^{\geq 0}$: Zeitkonstante des Ein $-$ und Ausblendens der Beschleunigung

3.2.6 Trajektorie des optimalen Ausweichmanövers

Die Trajektorie des optimalen Ausweichmanövers lässt sich leider nicht mehr analytisch berechnen. Durch zweimalige numerische Integration der Gleichungen (3.80) und (3.81), die mittels der gefundenen Lösung $\underline{z}_{\mathrm{opt}}$ parametriert und über den Zeitraum bis t_n diskretisiert werden, kann der Verlauf jedoch bestimmt werden. Die drei in den vorherigen Abschnitten beschriebenen Ausweichtrajektorien werden im Bild 3.12 miteinander verglichen. Erwartungsgemäß schneidet die Trajektorie basierend auf der Arkustangens-Funktion mit einem stetigen Verlauf in den Beschleunigungen etwas schlechter ab. Da hier nicht über die gesamte Zeitdauer des Manövers die maximale Beschleunigung ausgenutzt werden kann, ist es erst bei $x_H = 25,3\,\mathrm{m}$ beendet. Dahingegen scheinen die beiden übrigen Trajektorien fast deckungsgleich zu sein. Lediglich im mittleren Bereich erkennt man bei genauerer Betrachtung, dass der auf der Extremaltrajektorie basierende Verlauf etwas oberhalb der zweiten Kurve liegt. In diesem Bereich wird der zugrunde liegende Rand des Aufenthaltskreises erreicht. Auffällig ist, dass die auf der Arkustangens-Funktion basierende Ausweichtrajektorie bei $x_H = 22,7\,\mathrm{m}$ etwas früher beendet ist, während die Ausweichtrajektorie auf Basis der Extremaltrajektorie eine um $0,5\,\mathrm{m}$ längere Strecke benötigt ($x_H = 23,2\,\mathrm{m}$). Somit ist diese nur dann das letzte kollisionsvermeidende Ausweichmanöver, wenn das Hindernis im ersten Lenksegment passiert wird und nicht, wie bisher angenommen, am Ende des Manövers.

In Tabelle 3.2 sind die drei Trajektorien nach den gleichen Kriterien verglichen worden, wie sie bereits bei den Ausweichlenktrajektorien Anwendung gefunden haben. Erstaunlich dabei ist, dass die Trajektorie auf Basis der Extremaltrajektorie in den Integralkriterien schlechter abschneidet als die auf Basis der Arkustangens-Funktion (unstetig). Somit wäre die letztere die Ausweichtrajektorie der Wahl. Da diese jedoch problematisch aufgrund der Beschleunigungssprünge ist, wird die auf ihr basierende modifizierte Variante mit einem stetigen Verlauf der Quer- und Längsbeschleunigung gewählt. Gegenüber dem reinen Ausweichlenkmanöver schneiden alle drei Trajekto-

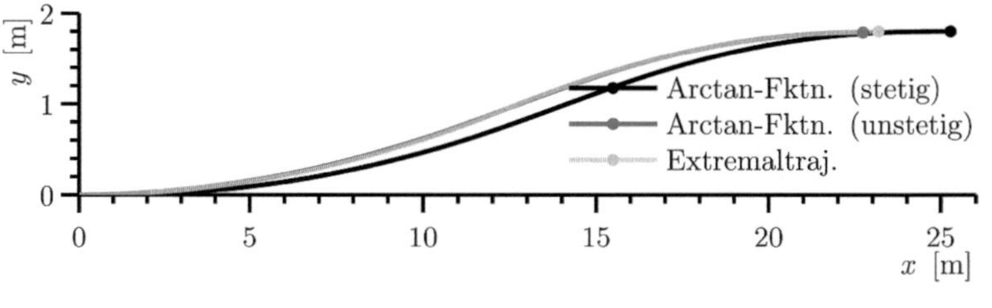

Bild 3.12: Vergleich der Ausweichtrajektorien ($a_0 = 9,81\,\mathrm{m/s^2}$, $v_0 = 100\,\mathrm{km/h}$, $y_H = 1,8\,\mathrm{m}$)

Tabelle 3.2: Vergleich der Ausweichtrajektorien ($a_0 = 9,81\,\mathrm{m/s^2}$, $v_0 = 100\,\mathrm{km/h}$, $y_H = 1,8\,\mathrm{m}$)

	x_H [m]	$\int_0^{x_2} \kappa(x)^2 dx$ [1/ m]	$\int_0^{x_2} x\,\kappa(x)^2 dx$ [ln m]	$\int_0^{x_2} v^2 \kappa(x)^2 dx$ [m/ s²]
Arctan-Fktn. (stetig)	25,3	$3,513 \cdot 10^{-3}$	$5,033 \cdot 10^{-2}$	2,269
Arctan-Fktn. (unstetig)	22,7	$3,831 \cdot 10^{-3}$	$4,964 \cdot 10^{-2}$	2,499
Extremaltrajektorie	23,2	$4,277 \cdot 10^{-3}$	$5,407 \cdot 10^{-2}$	3,116

rien bezüglich der Integralkriterien schlechter ab, insbesondere die Berücksichtigung der Reduktion der Geschwindigkeit wirkt sich nicht entscheidend aus. Dafür benötigen die kombinierten Brems- und Lenktrajektorien deutlich weniger Strecke für das Manöver.

3.3 Abschließende Betrachtungen zum idealen Ausweichmanöver

Aus der bisherigen Betrachtung zum letztmöglichen Kollisionsvermeidungs- und Ausweichmanöver konnten einige grundlegende Erkenntnisse für die zugehörigen Trajektorien gewonnen werden:

- Das letztmögliche, kollisionsvermeidende Manöver ist im Allgemeinen ein kombinierter Brems-Lenkeingriff.
- Ein breiteres Hindernis erfordert beim Ausweichen einen stärkeren Bremseingriff als ein schmales.
- Mit einer höheren (Relativ-) Geschwindigkeit verringert sich der Bremsanteil.
- Die Reduktion der Geschwindigkeit durch diesen Bremseingriff und die Verringerung der kinetischen Energie im Fall einer doch stattfindenden Kollision ist zwar vorhanden, jedoch gering.

Die exakte Berechnung des letzten Manövers ist relativ aufwändig, die aufgrund der komplexen Gleichungen leider nur über ein Optimierungsverfahren mit nichtlinearen Restriktionen erfolgen kann. Für den praktischen Einsatz konnte aber mittels der Arkustangens-Funktion eine Approximation gefunden werden, die einen zufriedenstellenden Kompromiss zwischen Berechnungsaufwand und Güte der Lösung darstellt. Legt man den Endpunkt des Ausweichmanövers als Passierungspunkt des Hindernisses fest, so gerät es gegenüber dem letzten Bremsmanöver für einen weiten Bereich der (Relativ-) Geschwindigkeit deutlich ins Hintertreffen. Lässt man hingegen zu, dass die Vorbeifahrt am Hindernis nicht in paralleler Fahrtrichtung erfolgen muss, so verringert sich dieser Nachteil deutlich. Je nachdem wie dicht das Hindernis mit seiner lateralen Position y_H zum linken Fahrbahnrand y_{Fl} positioniert ist, ergeben sich drei zu unterscheidende Fälle für die Auslegung des Manövers, die im Bild 3.13 skizziert sind und allesamt mit derselben Ausweichtrajektorie behandelt werden können. Für den rechten Fahrbahnrand y_{Fr} lassen sich die drei Fälle analog interpretieren, wenn $y_H < 0$ gilt:

- **Fall 1:** Die Fahrbahnbreite ist ausreichend groß: $y_{Fl} \geq 2y_H$, d. h. das Ausweichmanöver wird durch die Breite des Hindernisses y_H ausgelegt und könnte prinzipiell in Anlehnung an das reine Kollisionsvermeidungsmanöver erfolgen, da ausreichend Platz zur Seite vorhanden ist und das Zurücklenken im Anschluss nach dem Passieren des Hindernisses in beliebiger Form geschehen kann. Näherungsweise ist dieser Fall gegeben, wenn der Abstand zum Fahrbahnrand mindestens doppelt so groß ist wie das Hindernis breit ist.

- **Fall 2:** Das Ausweichmanöver wird durch die Fahrbahnbreite y_{Fl} limitiert, wenn gilt: $y_H \leq y_{Fl} < 2y_H$. Das Hindernis ist zwar nicht so breit wie die Fahrbahn, dennoch reicht der Platz neben dem Hindernis nicht aus, um erst nach dem Passieren des Hindernisses mit dem Zurücklenken zu beginnen. Das Hindernis wird also während des zweiten Segments des Manövers überholt, sodass das Egofahrzeug auf Höhe des Hindernisses noch nicht wieder in die ursprüngliche Richtung fährt.

- **Fall 3:** Die Fahrbahn ist in etwa so breit wie das Hindernis: $y_{Fl} \approx y_H$, d. h. es muss zum einen die volle Breite zum Ausweichen genutzt werden und zum anderen muss das Egofahrzeug beim Passieren des Hindernisses wieder in die ursprüngliche Richtung orientiert sein, um parallel an diesem vorbeizufahren und das Ausweichmanöver im Passierungspunkt abzuschließen.

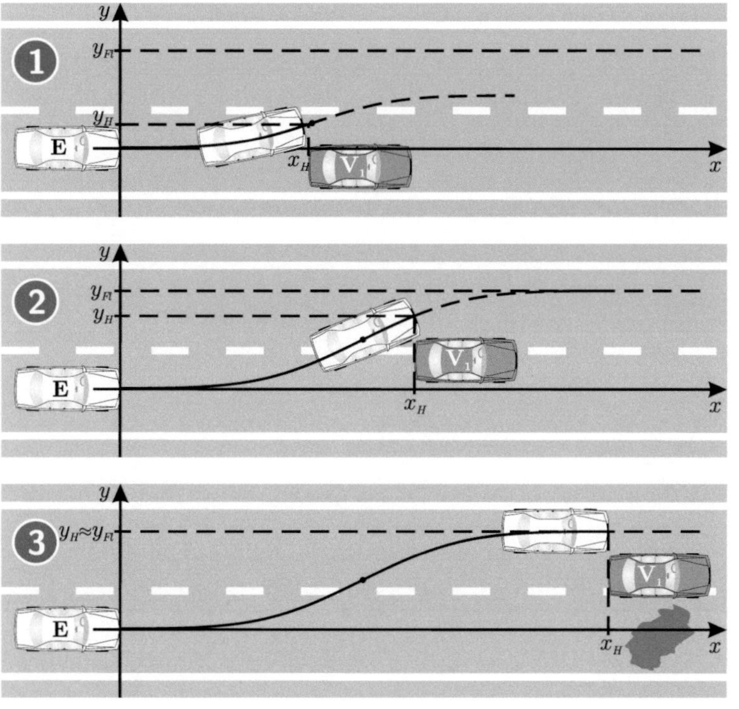

Bild 3.13: Vergleich der Ausweichtrajektorien für verschiedene Passierungspunkte des Hindernisses

4 Kollisionsfreie Bahnplanung in Mehrobjektszenarien

Die Frage zur Kollisionsvermeidung ist bisher auf ein einzelnes voraus liegendes Hindernis beschränkt gewesen. Dabei hat sich gezeigt, dass das zunächst trivial erscheinende Manöver zur letztmöglichen Kollisionsvermeidung sehr kompliziert werden kann. Tatsächlich ergibt sich im Straßenverkehr häufig ein viel komplexeres Bild, bei dem neben einem Primärhindernis mit akuter Kollisionsgefahr weitere Hindernisse mit unterschiedlichen Kollisionspotenzialen beteiligt sein können. Im Folgenden muss daher die Frage nach der Ausweichtrajektorie auf Mehrobjektszenarien erweitert werden, die jedoch enorme Anforderungen an die Umfeldsensorik stellen. Hindernisse können sich von allen Seiten mit unterschiedlichsten Relativgeschwindigkeiten nähern, sich gegenseitig abschatten oder nicht voneinander getrennt sensiert werden. Zwar schließt sich mithilfe von Short-Range-Sensorik der „virtuelle Sicherheitsgürtel“ im Nahbereich um das Fahrzeug herum [Rob04], doch für eine kollisionsfreie Bahnplanung muss wesentlich weiter geschaut werden. Wird dabei aufgrund eines automatisch eingreifenden Systems die Verantwortung vom Fahrer an das System übergeben, so muss auch das weitere Umfeld zuverlässig erkannt werden. Dies ist heutzutage nur unter Verwendung einer Datenfusion verschiedener Sensoren wie Video, Radar, Laser-Scanner, etc. möglich, jedoch im Hinblick auf die Anforderungen an die Systemsicherheit und die damit einhergehenden erforderlichen extrem niedrigen Fehlauslöseraten noch nicht über den Forschungsstand hinaus realisierbar [Bec06]. Dieser Einschränkung zum Trotz wird im weiteren Verlauf von einer idealen Sensorik ausgegangen, d. h. das Szenario wird für die Situationsanalyse als vollständig bekannt vorausgesetzt, um sämtliche theoretisch möglichen Lösungsstrategien ableiten zu können.

4.1 Propagationsverfahren

Im Abschnitt 2.3.1 ist die Theorie der Aufenthaltskreise eingeführt worden, um das zu einem Zeitpunkt t_i erreichbare Gebiet Ω_i des Egofahrzeugs bei isotropen Beschleunigungsvermögen a_0 zu propagieren. Dieses Verfahren lässt sich natürlich auch auf die beteiligten Hindernisse anwenden und deren Aufenthaltsgebiete propagieren, um kollisionskritische Konstellationen identifizieren und bewerten zu können. Der entscheidende Schritt dabei ist, dass nicht explizit einzelne Trajektorien, sondern diese in ihrer Gesamtheit betrachtet werden, woraus sich im Anschluss kritische und nichtkritische Orte für die Planung einer kollisionsfreien Trajektorie ableiten lassen.

4.1.1 Aufenthalts-, Ausschluss- und Gefährdungsgebiete

Geht man von dem Aufenthaltsgebiet Ω_i des Egofahrzeugs aus, so besitzt die Front zum Zeitpunkt t_i die Ausdehnungsgeschwindigkeit $a_0 t_i$ und wächst während des nächsten Propagationsschritts mit der Zeitdauer Δt_P um die Strecke Δx_P, vgl. Bild 4.1:

$$\Delta x_P\,(t_i) = a_0 t_i\,\Delta t_P + \frac{1}{2} a_0 \Delta t_P^2\,. \tag{4.1}$$

Die Startgeschwindigkeit v_0 liefert keinen Beitrag zur Ausdehnung, sondern beschreibt nur die translatorische Verschiebung des Gebiets in Längsrichtung. Sollen nun die Aufenthaltsgebiete auf Kollisionen überprüft werden, so müssen die Aufenthaltsgebiete um die Fahrzeugabmessungen ergänzt werden. Dies erfordert allerdings die Kenntnis der Orientierung, die aber nur auf dem Rand, nicht jedoch innerhalb des Aufenthaltskreises bekannt ist. Folglich lassen sich die Fahrzeuggeometrien nur noch unabhängig von der Orientierung als Kreise betrachten, die lediglich zwischen Innen- und Außenkreis unterschieden werden können, wie es im Bild 4.2 dargestellt ist. Während der Innenkreis mit dem Radius r den größtmöglichen Kreis darstellt, der gerade noch vollständig von der Fahrzeuggeometrie überdeckt wird, bildet der Außenkreis mit Radius R den kleinstmöglichen Kreis, der die gesamte Fahrzeuggeometrie vollständig enthält. Bei gegebener rechteckförmiger Geometrie der Breite b_E und der Länge l_E für das Egofahrzeug gilt für die Radien ohne die Berücksichtigung von eventuell überstehenden Fahrzeugteilen, wie beispielsweise der Außenspiegel:

$$\text{Innenkreis:} \quad r_E = \text{Min}\left\{\frac{b_E}{2}, \frac{l_E}{2}\right\} \tag{4.2}$$

$$\text{Außenkreis:} \quad R_E = \frac{1}{2}\sqrt{b_E^2 + l_E^2}\,. \tag{4.3}$$

Für das Hindernis V berechnen sich der Innenkreis- und der Außenkreisradius r_V, R_V analog anhand der gegebenen Fahrzeugbreite b_V und -länge l_V. Im dargestellten Szenario ergibt sich somit bei der Betrachtung der Außenkreise eine Überdeckung, also eine Kollision. Hingegen überlagern sich die Innenkreise nicht, stattdessen wird aufgrund des relativ großen Abstands d_V eine gewisse Kollisionssicherheit suggeriert. Tatsächlich kann das Egofahrzeug E knapp am Hindernis V vorbei fahren. Dieses einfache Szenario verdeutlicht die Schwachpunkte des Verfahrens aufgrund der Unkenntnis der Orientierung:

- Bei Verwendung der Innenkreise ergibt sich eine **Unterabschätzung**, da sich nicht alle Kollisionen erkennen lassen.

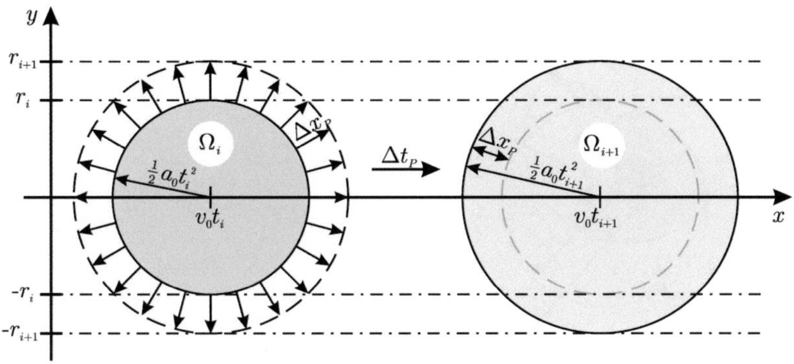

Bild 4.1: Propagationsschritt des Aufenthaltsgebiets

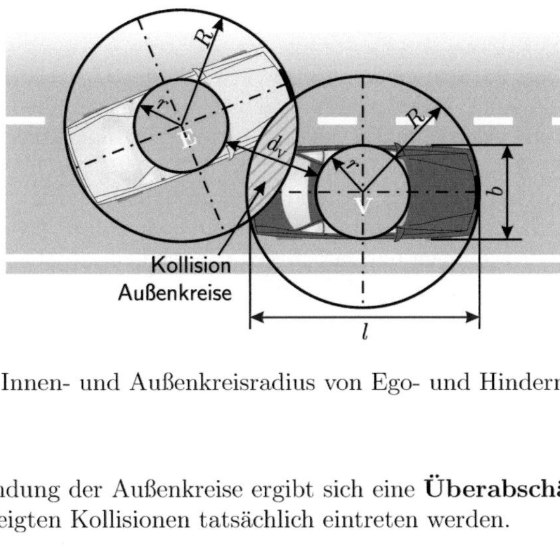

Bild 4.2: Innen- und Außenkreisradius von Ego- und Hindernisfahrzeug

- Bei Verwendung der Außenkreise ergibt sich eine **Überabschätzung**, da nicht alle aufgezeigten Kollisionen tatsächlich eintreten werden.

Prinzipiell lassen sich die Ausdehnung des Egofahrzeugs und die der Hindernisse zusammenfassen, indem die Hindernisradien r_V bzw. R_V um den Radius des Egofahrzeugs r_E bzw. R_E verlängert werden, sodass das Aufenthaltsgebiet des Egofahrzeugs ausschließlich die Position des Mittelpunkts beschreibt. Allerdings stellt sich dabei die Frage, ob die Innenkreis- oder die Außenkreisradien der Fahrzeuge gewählt werden müssen. Zur Klärung der Frage betrachte man das angenommene Aufenthaltsgebiet Ω im Bild 4.3, das der Einfachheit halber und ohne Beschränkung der Allgemeinheit als ein Dreieck anstatt eines Kreises angenommen und durch die drei Punkte p_1, p_2 und p_3 aufgespannt wird. Es wird im weiteren Verlauf noch gezeigt werden, dass

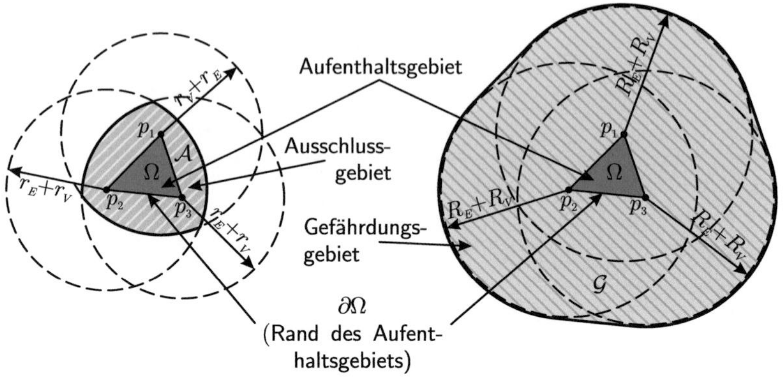

Bild 4.3: Ausschluss- und Gefährdungsgebiet auf Basis des Aufenthaltsgebiets

die Gebiete beliebige Formen einnehmen können und das Dreieck somit eine der einfachsten Formen darstellt. Das Aufenthaltsgebiet wird nun um die Objektgeometrien erweitert, indem um jeden Punkt in diesem Gebiet ein Innenkreis mit dem Radius der Summe $r_V + r_E$ und ein Außenkreis mit Radius $R_V + R_E$ geschlagen wird. Dies ist beispielhaft für die drei Punkte p_1, p_2 und p_3 dargestellt. Die sich ergebende Schnitt- bzw. Vereinigungsfläche der Objektgeometrien sind im linken bzw. im rechten Bild grau schraffiert hervorgehoben und lassen sich wie folgt interpretieren:

- **Ausschlussgebiet $\mathcal{A}$:**
  Bildet man die Innenkreise mit dem Radius $(r_E + r_V)$ um alle Punkte des Aufenthaltsgebiets, so enthält die Schnittmenge aller Kreise garantiert einen Teil des Hindernisses, unabhängig vom tatsächlichen Ort des Fahrzeugmittelpunkts innerhalb des Aufenthaltsgebiets. Führt die Position des Egofahrzeugs in diesen Bereich, so kommt es sicher zu einer Kollision und dieser muss für eine kollisionsfreie Bahnplanung ausgeschlossen werden. Aus diesem Grund wird es als *Ausschlussgebiet* $\mathcal{A}$ bezeichnet:

$$\begin{aligned} \mathcal{A}: \quad (x_\Omega, y_\Omega) \in \Omega \subset \mathbb{R}^2 \quad &\to \quad (x, y) \in \mathbb{R}^2 \\ (x_\Omega, y_\Omega) \quad &\mapsto \bigcap_{(x,y)\in\mathbb{R}^2} (x - x_\Omega)^2 + (y - y_\Omega)^2 \leq (r_E + r_V)^2 \ . \end{aligned} \tag{4.4}$$

  Im Umkehrschluss ist jedoch eine Position des Egofahrzeugs außerhalb des Ausschlussgebiets nicht zwangsläufig kollisionsfrei. Mit zunehmender Ausdehnung des Aufenthaltsgebiets verkleinert sich die Schnittmenge der sich überlappenden Geometriekreise und verschwindet, sobald es zwei Punkte p_1, p_2 auf dem

Rand $\partial\Omega$ des Aufenthaltsgebiets gibt, deren Verbindungsgerade länger als der doppelte Innenkreisradius $2\,(r_E + r_V)$ ist:

$$\exists(p_1, p_2) \in \partial\Omega : \qquad \overline{p_1\,p_2} \geq 2\,(r_E + r_V) \quad \Rightarrow \quad \mathcal{A} = \varnothing\,. \tag{4.5}$$

- **Gefährdungsgebiet $\mathcal{G}$:**
  Die Vereinigung der Außenkreise mit dem Radius $(R_E + R_V)$ um alle Punkte des Aufenthaltsgebiets ergibt ein Gebiet, das eine potenzielle Gefahr birgt, da in diesem Gebiet eine Kollision zwischen dem Egofahrzeug und dem Hindernis nicht sicher ausgeschlossen werden kann. Es wird als *Gefährdungsgebiet* $\mathcal{G}$ definiert:

$$\begin{aligned} \mathcal{G} : \quad (x_\Omega, y_\Omega) \in \Omega \subset \mathbb{R}^2 \quad &\rightarrow \quad (x, y) \in \mathbb{R}^2 \\ (x_\Omega, y_\Omega) \quad &\mapsto \bigcup_{(x,y)\in\mathbb{R}^2} (x - x_\Omega)^2 + (y - y_\Omega)^2 \leq (R_E + R_V)^2\,. \end{aligned} \tag{4.6}$$

  Allerdings muss eine Kollision nicht zwangsläufig eintreten, wie es beispielsweise im Szenario des Bilds 4.2 durch Überdeckung der Außenkreise verdeutlicht ist. Außerhalb des Gefährdungsgebiets kann die Kollision jedoch sehr wohl sicher ausgeschlossen werden. Das Gefährdungsgebiet $\mathcal{G}$ wächst in gleichem Maße wie das zugrunde liegende Aufenthaltsgebiet Ω.

Das wachsende Gefährdungsgebiet $\mathcal{G}_V$ des Hindernisses V wirkt sehr rasch stark limitierend auf die Bewegung des Egofahrzeugs. Interpretieren lässt sich dies mit einem Hindernis, das gezielt auf Kollisionskurs ist. Diesem auszuweichen erweist sich als äußerst schwierig, da der zur Verfügung stehende Bewegungsraum, in den das Egofahrzeug hineinfahren kann, ohne dass dieser vom Hindernisfahrzeug erreichbar ist, sehr klein wird und schnell verschwindet. Im Sinne des Gefährdungsgebiets wird daher das Hindernis als maximal aggressiv betrachtet, da es sämtliche Bewegungsmöglichkeiten des Hindernisses beinhaltet und die des Egofahrzeugs maximal einschränkt.

Dahingegen verhält sich das Hindernis mit seinem Ausschlussgebiet $\mathcal{A}_V$ voll kooperativ, denn es werden nur noch die Orte berücksichtigt, die vom Hindernis nicht verlassen werden können, auch wenn es sich bestmöglichst im Sinne der Kollisionsvermeidung verhalten würde. Durch das kleiner werdende und sich schließlich auflösende Ausschlussgebiet wird die eigentliche Kollisionsvermeidung letztlich dem kooperierenden Hindernis übertragen. Zur Verdeutlichung betrachte man den Aufenthaltskreis eines Hindernisses. Das zugehörige Ausschlussgebiet löst sich auf, sobald der Durchmesser d_Ω des Aufenthaltsgebiets vom Ausgangspunkt auf die zweifache Summe der Innenkreisradien angewachsen ist, vgl. Gleichung (4.5). Geht man beispielsweise von einer gemäßigten Kooperation des Hindernisses mit einer Beschleunigung von $a_0 = 2\,\mathrm{m/s^2}$ und einer typischen Fahrzeugbreite von $b_E = b_V = 2r = 1,8\,\mathrm{m}$ aus, so verschwindet das Ausschlussgebiet zum Zeitpunkt $t_\emptyset$:

$$d_\Omega = a_0 t_\emptyset^2 = 2\,(r_E + r_V) \quad \Leftrightarrow \quad t_\emptyset = \sqrt{\frac{2(r_E + r_V)}{a_0}} \approx 1,34\,\mathrm{s}\,.$$

Dieses rasche Verschwinden des Ausschlussgebiets bzw. das starke Anwachsen des Gefährdungsgebiets beruht auf der unzureichenden Abbildung der Bewegungsmöglichkeiten, die physikalisch nicht realisierbar sind, aber aufgrund der mathematischen Beschreibung nicht weiter eingeschränkt werden können. Eine Erweiterung des Verfahrens müsste für jeden Punkt im Aufenthaltsgebiet die maximale und die minimale Geschwindigkeit in x- und y-Richtung während der Propagationsschritte „buchführen“. Dies wäre sehr rechenaufwändig und speicherintensiv, da sich als Aufenthaltsgebiet ein Hypervolumen $(x, y, v_x, v_y) \in \Omega \subset \mathbb{R}^4$ im vierdimensionalen Raum ergeben würde. Gestaltet sich die Implementierung der benötigten Polygon-Funktionen im $\mathbb{R}^2$ bereits als durchaus anspruchsvoll, insbesondere im Hinblick auf die benötigten Rechenzeiten, so ist eine Übertragung auf den $\mathbb{R}^4$ aufgrund des algorithmischen Aufwands abwegig und wird nicht weiter verfolgt.

Das Wachsen und Schrumpfen des Aufenthalts-, des Gefährdungs- und des Ausschlussgebiets ist im Bild 4.4 für ein Szenario mit einem Egofahrzeug und einem von rechts entgegen kommenden Hindernis simuliert worden. Für beide Fahrzeuge sind die gleichen Beschleunigungen von $a_0 = 0,5\,\mathrm{m/s^2}$, $2\,\mathrm{m/s^2}$, $4\,\mathrm{m/s^2}$ und $6\,\mathrm{m/s^2}$ angesetzt worden, sodass sich beide Aufenthaltsgebiete symmetrisch aufeinander zu bewegen und zu jedem Zeitpunkt die gleiche Größe aufweisen. Für das Hindernis wird das Gefährdungsgebiet $\mathcal{G}_V$ dunkelgrau und das Ausschlussgebiet $\mathcal{A}_V$ hellgrau eingefärbt dargestellt. Das zugehörige Aufenthaltsgebiet Ω_V des Hindernisses wird nur durch seinen hellgrau gezeichneten Rand dargestellt, damit das jeweils korrespondierende Ausschluss- und Gefährdungsgebiet besser zu erkennen ist. Die genauen Daten der Bewegungen von Ego- und Hindernisfahrzeug können der Legende entnommen werden. Der Propagationshorizont liegt bei 3 s, die Propagationsschritte werden im äquidistanten Abstand von $\Delta t_P = 0,2\,\mathrm{s}$ dargestellt. Für die kleinste Beschleunigung $a_0 = 0,5\,\mathrm{m/s^2}$ wachsen die Aufenthaltsgebiete nur sehr moderat an. Das Gefährdungsgebiet $\mathcal{G}_V$ des Hindernisses ist gegenüber dem Aufenthaltsgebiet Ω_V um die Summe der beiden Außenkreisradien $2R$ vergrößert, das Ausschlussgebiet $\mathcal{A}_V$ hingegen um die Summe der Innenkreisradien $2r$ verkleinert. Erstaunlicherweise verschwindet selbst bei dieser niedrigen Beschleunigungsmöglichkeit das Ausschlussgebiet $\mathcal{A}_V$ recht zügig. Nach etwa 75 m ist bei $x \approx 125\,\mathrm{m}$ nur noch ein punktförmiges Ausschlussgebiet vorhanden, das im nächsten Schritt verschwindet. Zum Vergleich findet die Auflösung des Ausschlussgebiets für die höheren Beschleunigungen immer früher statt, bei $a_0 = 6\,\mathrm{m/s^2}$ wird bereits nach weniger als 20 m das Ausschlussgebiet ausgelöscht. Demgegenüber wächst das Gefährdungsgebiet $\mathcal{G}_V$ enorm an und lässt dem Egoaufenthaltsgebiet Ω_E nur noch sehr wenig Raum für eine kollisionsfreie Vorbeifahrt übrig.

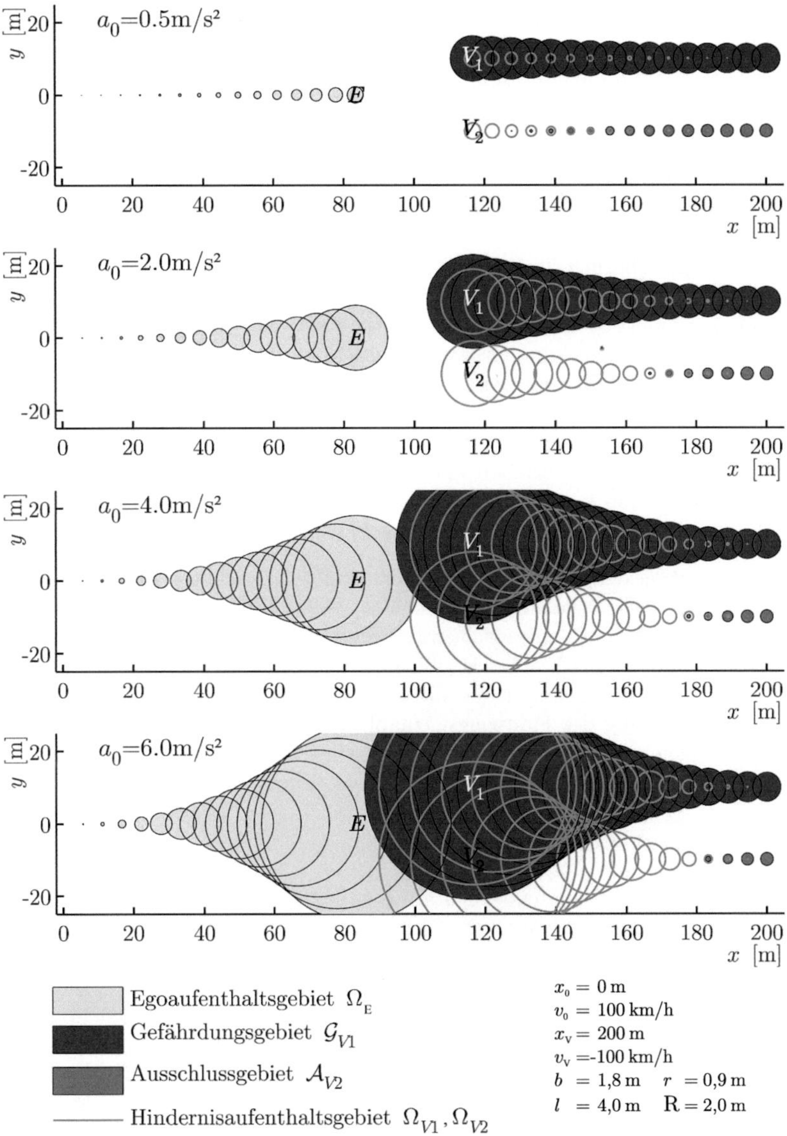

Bild 4.4: Wachstum und Schrumpfung der Aufenthalts-, Ausschluss- und Gefährdungsgebiete bei verschiedenen Beschleunigungen ($a_0 = 0,5\,\mathrm{m/s^2}$, $2\,\mathrm{m/s^2}$, $4\,\mathrm{m/s^2}$, $6\,\mathrm{m/s^2}$)

Dieser Formalismus der Ausschlussgebiete ist im Wesentlichen in einer firmeninternen Entwicklung entstanden und in [Hei03] dokumentiert worden, in dieser Arbeit erfolgte die Erweiterung um die Gefährdungsgebiete.

4.1.2 Propagation und gegenseitige Beschränkung der Aufenthalts-, Ausschluss- und Gefährdungsgebiete

Die gegenseitigen Überlagerungen der Aufenthalts- mit den Ausschluss- bzw. Gefährdungsgebieten markieren Kollisionen. Ist man auf der Suche nach einem sicheren Weg zwischen den Hindernissen hindurch, so dürfen diese sich überlagernden Bereiche für die nachfolgende Propagation nicht weiter berücksichtigt und müssen aus den Aufenthaltsgebieten des Egofahrzeugs herausgeschnitten werden. Dies wird im Weiteren als „Clipping" bezeichnet. Dadurch lassen sich die Gebiete leider nicht mehr als einfache Kreise darstellen, sondern müssen idealerweise durch geschlossene Kurven bzw. algorithmisch als Polygone beschrieben werden. Zur Veranschaulichung zeigt das Bild 4.5 die Beschneidung eines kreisförmigen Aufenthaltsgebiets Ω_E durch das Gefährdungsgebiet $\mathcal{G}_V$ eines Hindernisses und die anschließende Propagation.

Da die Propagation des Gebiets nicht explizit auf den Trajektorien basiert, muss gewährleistet sein, dass zu jedem Zeitpunkt das Aufenthaltsgebiet alle möglichen Trajektorien umfasst. Im Fall eines sich immer weiter ausdehnenden Kreises ist dies sichergestellt. Ist der Aufenthaltskreis jedoch im i-ten Propagationsschritt beschnitten worden, so fehlt für die Schnittkante die Geschwindigkeitsinformation $(v_{i\,x}, v_{i\,y})$ und somit die Orientierung des Fahrzeugs. Unabhängig davon kann sich zu diesem Zeitpunkt t_i das Gebiet aber unter keinen Umständen schneller als mit der bei maximaler Beschleunigung erreichbaren Geschwindigkeit $a_0 t_i$ ausbreiten:

$$v_i = \sqrt{v_{i\,x}^2 + v_{i\,y}^2} \leq a_0 t_i \,. \tag{4.7}$$

Die Gleichheit ist dabei ausschließlich auf dem Rand des ursprünglichen Kreises gegeben. Innerhalb des Kreises kann die Geschwindigkeit nur kleinere Werte annehmen, siehe Beweis in Kabitel 2.3.1, die ist jedoch nicht bestimmbar. Aufgrund dieser Unkenntnis muss lotrecht zum Gebietsrand der maximal mögliche Wert $a_0 t_i$ für die Geschwindigkeit als obere Grenze angenommen werden, um die Berücksichtigung aller möglichen Trajektorien sicherzustellen. Diese Worst-Case-Abschätzung ist für die weitere Propagation des Gebiets äußerst nachteilig und führt zu einer steigenden Überabschätzung des Gebiets gegenüber dem fahrphysikalisch tatsächlich erreichbaren, da das Gebietswachstum Δx_P linear in t_i zunimmt, vgl. Gleichung (4.1). Durch die unbekannte Geschwindigkeits- und Orientierungsinformation sind Richtungswechsel instantan möglich, auch wenn sie fahrphysikalisch nicht realisierbar sind. Beispielsweise kann bei einem doppelten Spurwechsel das Fahrzeug nach dem Richtungswechsel sofort mit maximaler lateraler Geschwindigkeit in die entgegengesetzte Richtung

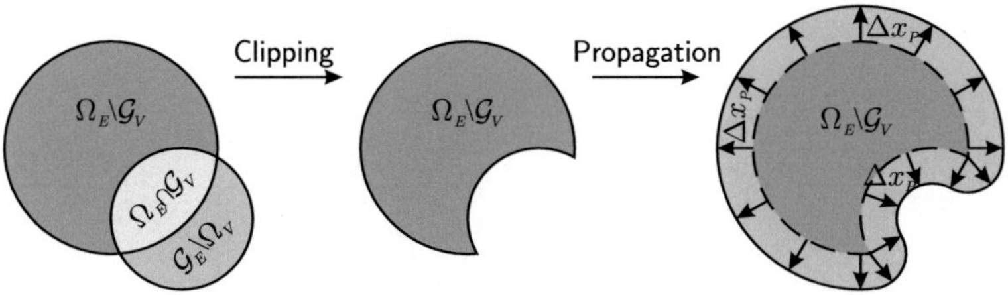

Bild 4.5: Beschränkung des Aufenthaltsgebiets durch ein Gefährdungsgebiet und anschließender Propagation

fahren, ohne beim Zurücklenken zunächst die vorliegende laterale Geschwindigkeit kompensieren zu müssen. Darüber hinaus ist es offensichtlich, dass die Propagation mit Gebietsclipping nicht mehr auf ein anisotropes Beschleunigungsvermögen angewendet werden kann, da dazu die Information der Fahrtrichtung bzw. Orientierung zwingend notwendig wäre.

Zum besseren Verständnis des Propagationsverfahrens ist im Bild 4.6 skizzenhaft die Ausbreitung des Aufenthaltsgebiets Ω_E für ein Egofahrzeug E dargestellt, wie es sich an drei stehenden Hindernissen V_1, V_2 und V_3 vorbeischlängelt. Aufgrund der Tatsache, dass es sich um stehende Hindernisse handelt, reduzieren sich die drei Aufenthaltsgebiete Ω_{V1}, Ω_{V2} und Ω_{V3} auf jeweils einen einzigen Punkt, der sich nicht über die Zeit ändert. Durch die fehlende Bewegung sind die zugehörigen Ausschluss- und Gefährdungsgebiete $\mathcal{A}_{V1}$, $\mathcal{A}_{V2}$ und $\mathcal{A}_{V3}$ bzw. $\mathcal{G}_{V1}$, $\mathcal{G}_{V2}$ und $\mathcal{G}_{V3}$ konstant und verändern sich weder in Position noch in Größe. In diesem Fall dargestellt sind nur die Gefährdungsgebiete. Das Aufenthaltsgebiet Ω_E bewegt sich auf die drei Hindernisse zu und gewinnt dabei an Größe. Beim Auftreffen auf das erste Hindernis V_1 wird der sich mit dem Hindernis überdeckende Teil $\Omega_E \cap \mathcal{G}_{V1}$ herausgetrennt und anschließend nur noch das verbleibende Gebiet $\Omega_E \backslash \mathcal{G}_{V1}$ propagiert bis es auf die Gefährdungsgebiete $\mathcal{G}_{V2}$ und $\mathcal{G}_{V3}$ der nächsten beiden Hindernisse trifft. Die nach und nach länger werdenden Pfeile sollen die mit zunehmender Zeit t_i wachsende Ausbreitungsgeschwindigkeit v_i der Aufenthaltsgebietsfront und das damit verbundene stetig steigende Gebietswachstum Δx_P nach Gleichung (4.1) verdeutlichen.

Beim letzten Propagationsschritt des Bilds 4.6 umfließt das Aufenthaltsgebiet Ω_E das Gefährdungsgebiet $\mathcal{G}_{V3}$ und befindet sich hinter dem Gebiet kurz vor einer Wiederveinigung der beiden äußeren Enden. Das Bild 4.5 zeigt, wie die beiden spitzen Ecken des beschnittenen Gebiets $\Omega_E \backslash \mathcal{G}_V$ für eine konsistente Propagation zu einem Kreisbogen erweitert werden müssen und dafür das Polygon um zusätzliche Punkte ergänzt werden müsste. Anhand dieser beiden Beispiele wird bereits deutlich, dass die Propagation der Gebiete mit erheblichem Aufwand verbunden ist. Es müssen Funktionen wie „Polygonverschiebung“, „Schnittmenge zweier Polygone“, „Clipping Polygon

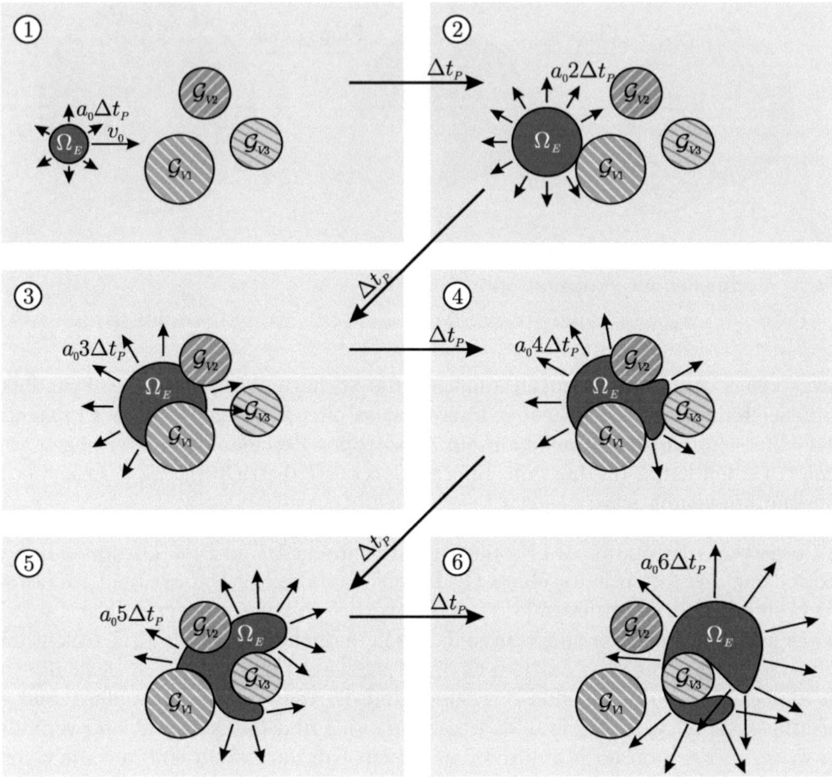

Bild 4.6: Propagation des Aufenthaltsgebiets bei drei stehenden Hindernissen

A von Polygon B“ oder „Vergrößerung des Polygons“ realisiert werden. Dabei sind Sonderfälle wie Selbstüberdeckung, Auftrennung, Verschmelzung, entstehende oder verschwindende Löcher zu berücksichtigen. Die Algorithmen zur Berechnung und Implementierung der Aufenthalts- und Ausschlussgebiete und deren Propagation sind nicht Gegenstand dieser Arbeit gewesen, sondern ebenfalls im Rahmen der Arbeit zu [Hei03] entwickelt worden. Die frei verfügbare *General Polygon Clipper*-Bibliothek hält zahlreiche Polygonfunktionen bereit und bietet eine effiziente und stabile Implementierung [Mur07]. Eine alternative Bibliothek wird in [Bra07] vorgestellt, die deutliche Geschwindigkeitsvorteile in komplexen Szenarien aufweist, wenn die Anzahl der Objekte zunimmt. In einem Beispielszenario mit neun Hindernissen konnte die Rechenzeit um zwanzig Prozent reduziert werden. In einem zweiten Szenario mit neunzehn Hindernissen ist eine Beschleunigung um sechzig Prozent erreicht worden.

4.1.3 Gegenseitige Beeinflussung zwischen den Hindernissen

Interessanterweise beschränken die Hindernisse nicht nur das Egofahrzeug, sondern sich auch gegenseitig. Im Bild 4.7 wird dies anhand zweier einfacher, kreisförmiger Hindernisaufenthaltsgebiete Ω_{V1} und Ω_{V2} erklärt. Im ersten Schritt wird aus dem Aufenthaltsgebiet ${}^{0}\Omega_{V2}$ des Hindernisses V_2 das zugehörige Ausschlussgebiet ${}^{0}\mathcal{A}_{V2}$ aus der Schnittmenge der Innenkreise $r_{V1}+r_{V2}$ generiert. Es ergibt sich wiederum ein kreisförmiges Gebiet, das nachfolgend das Aufenthaltsgebiet ${}^{0}\Omega_{V1}$ des ersten Hindernisses beschränkt, sodass lediglich das Gebiet ${}^{0}\Omega_{V1}\backslash{}^{0}\mathcal{A}_{V2}$ erlaubt ist und somit das Gebiet ${}^{1}\Omega_{V1}$ definiert. Der hochgestellte Index kennzeichnet die jeweilige Iteration. Im nächsten Schritt muss aus diesem beschränkten Gebiet das zugehörige Ausschlussgebiet ${}^{1}\mathcal{A}_{V1}$ gebildet und gegen das Aufenthaltsgebiet ${}^{0}\Omega_{V2}$ betrachtet werden. Dies wird in den Teilbildern vier und fünf verdeutlicht. Daraus ergibt sich ein iterativer Prozess, der jeweils das Ausschlussgebiet des einen Hindernisses gegen das Aufenthaltsgebiet des anderen betrachtet und vice versa. In Abhängigkeit der Gebietsform konvergiert diese Iteration recht zügig. Im dargestellten Beispiel haben die Aufenthaltsgebiete bereits nach der ersten Iteration (Schritt sechs) ihre abschließende Form im Wesentlichen eingenommen. Sind weitere Hindernisse vorhanden, nimmt der Aufwand deutlich zu, da stets alle Hindernisse paarweise gegeneinader geprüft werden müssen. Die Beschreibung der gegenseitigen Beeinflussungen ist ebenfalls in den Arbeiten zu [Hei03] erwähnt worden.

4.1.4 Trajektorienplanung durch die Aufenthaltsgebiete

Mithilfe des Propagationsverfahren ist eine Sequenz von Aufenthaltsgebieten gefunden worden, die zwischen den Hindernissen hindurch führt, jedoch noch keine explizite Trajektorie liefert. Aufgrund der Problematik der Überabschätzung ist deren Existenz bzw. fahrphysikalische Realisierbarkeit nicht zwangsläufig gegeben. Existiert diese jedoch, so muss sie durch sämtliche Egoaufenthaltsgebiete Ω_i verlaufen, d. h. die Trajektorie darf keinesfalls eines der Aufenthaltsgebiete verlassen. Während die Hindernisgefährdungsgebiete $\mathcal{G}_{Vj}$ das Egofahrzeug in seiner Bewegung sehr stark einschränken können, lassen die Ausschlussgebiete $\mathcal{A}_{Vj}$ den Aufenthaltsgebieten Ω_i des Egofahrzeugs entsprechend der angenommenen Kooperation deutlich mehr Freiraum. Die fahrphysikalische Realisierbarkeit muss aber dennoch in beiden Fällen überprüft werden.

Bevor schlussendlich die Frage nach der grundsätzlichen Eignung dieses Verfahrens zur Bestimmung einer Fahrstrategie für ein Mehrobjektszenario beantwortet werden kann, wird zunächst eine Vorschrift vorgeschlagen, wie sich eine Trajektorie durch die Aufenthaltsgebiete berechnen lässt. Dazu werden die zweidimensionalen Aufenthalts-

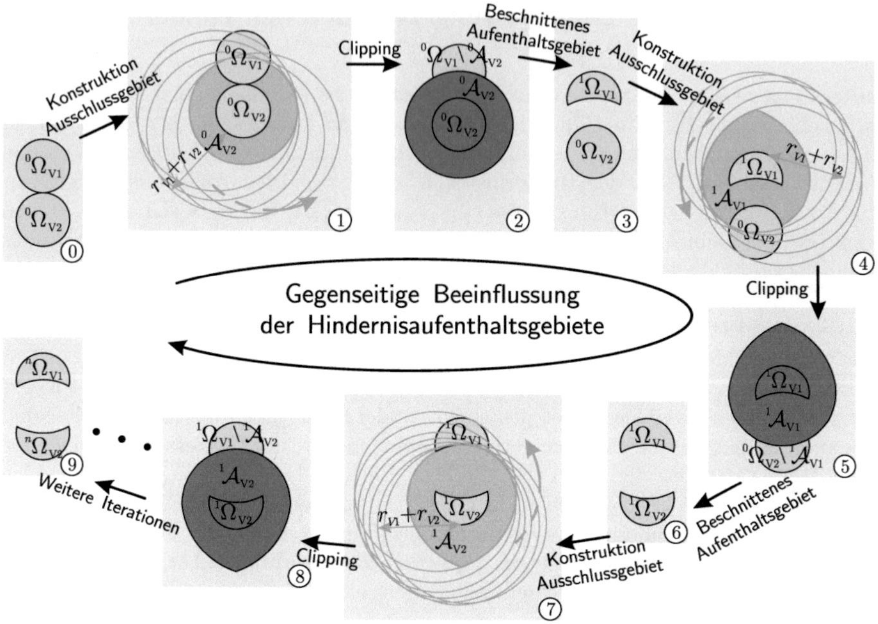

Bild 4.7: Iterative Bestimmung der gegenseitigen Beeinflussung in den Aufenthaltsgebieten zwischen zwei Hindernissen

räume $\Omega_i \subset \mathbb{R}^2$ um die Zeit t als dritte Dimension erweitert und ohne die Verschiebung durch die initiale Geschwindigkeit v_0 übereinander projiziert [Sch06]:

$$\widetilde{\Omega}_i = \begin{pmatrix} \tilde{x} \\ \tilde{y} \\ t \end{pmatrix} = \begin{pmatrix} x - v_0\, i\Delta t_P \\ y \\ i\Delta t_P \end{pmatrix} \qquad \text{mit :} \quad \begin{array}{rcl} (x,y)' \in \Omega_i & \subset & \mathbb{R}^2 \\ \widetilde{\Omega}_i & \subset & \mathbb{R}^3 \end{array} \quad . \tag{4.8}$$

Das Bild 4.8 verdeutlicht diese Projektion. Die translatorische Verschiebung durch die Geschwindigkeit v_0 würde lediglich eine Scherung der Gebiete im dreidimensionalen Raum in x-Richtung bewirken und ist der eigentlichen Bewegung innerhalb der Gebiete überlagert. Die Tilde kennzeichnet die Betrachtung ohne diese translatorische Verschiebung $v_0\, i\Delta t_P$. Im Fall von unbeschnittenen Aufenthaltsgebieten ergibt sich ein trichterförmiges Gebilde ähnlich der oberen Hälfte eines Rotationshyperboloiden. Die kollisionsfreie Trajektorie kann in diesem mittig durch die Aufenthaltsgebiete entlang der dritten Achse t geführt werden. Eine Änderung der Egofahrzeugbewegung ist nicht erforderlich. Sind die Aufenthaltsgebiete allerdings durch die Hindernisse deformiert worden, so muss die gesuchte Trajektorie diesen Deformationen nachgeführt werden,

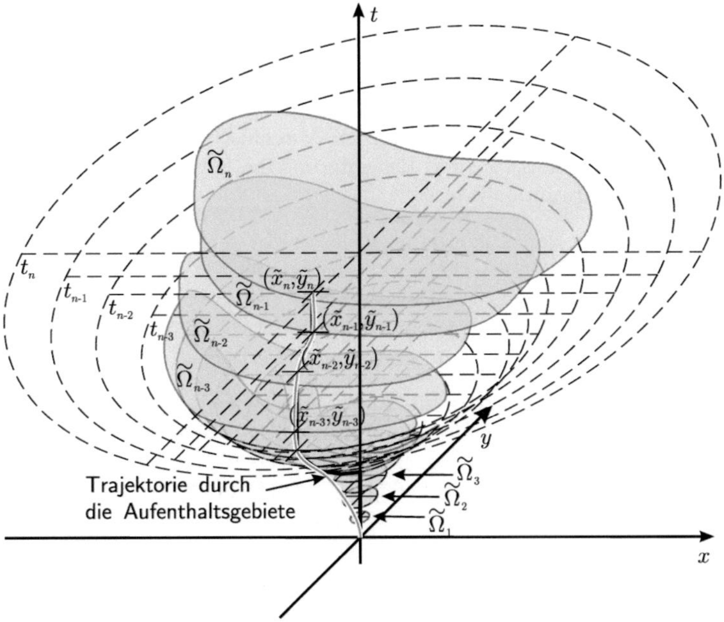

Bild 4.8: Projektion der Aufenthaltsgebiete zur Berechnung der Trajektorie über der Zeit

wie es im Bild 4.8 bereits skizziert ist. Dafür müsste sich die Trajektorie durch die übereinander geschichteten Aufenthaltsgebiete wie ein Gummiband spannen, das von den Rändern der einzelnen Gebiete gehalten bzw. zur Seite gedrückt wird. Durch die Multiplikation des vertikalen Abstands Δt_P zwischen den projizierten Gebieten mit der initialen Geschwindigkeit v_0 lässt sich die Länge Δs des Teilstücks von der Durchdringungsstelle $(\tilde{x}_{i-1}, \tilde{y}_{i-1})'$ des Gebiets $\widetilde{\Omega}_{i-1}$ zu $(\tilde{x}_i, \tilde{y}_i)'$ des nachfolgenden Gebiets $\widetilde{\Omega}_i$ durch eine pythagoreische Addition leicht berechnen:

$$\Delta s = \sqrt{(\tilde{x}_i - \tilde{x}_{i-1})^2 + (\tilde{y}_i - \tilde{y}_{i-1})^2 + (v_0 \, \Delta t_P)^2} \; . \tag{4.9}$$

Die gesamte Wegstrecke s vom Startpunkt $(\tilde{x}_0, \tilde{y}_0)$ bis zum Zielpunkt $(\tilde{x}_n, \tilde{y}_n)$ ergibt sich somit zu:

$$s = \sum_{i=1}^{n} \sqrt{(\tilde{x}_i - \tilde{x}_{i-1})^2 + (\tilde{y}_i - \tilde{y}_{i-1})^2 + (v_0 \, \Delta t_P)^2} \; . \tag{4.10}$$

Die Berechnung eines Pfads durch diese geschichteten Aufenthaltsgebiete sollte nun in Analogie zum Gummiband die Minimierung der Weglänge zum Ziel haben, ähnlich wie das Gummiband bestrebt ist, die kürzeste Verbindung zwischen Start- und Zielpunkt einzunehmen. Dabei ist kritisch anzumerken, dass die Weglänge keinerlei fahrdynamischen bzw. fahrphysikalischen Bezug hat, sondern ein rein geometrisches Kriterium darstellt. Die Trajektorie muss im Anschluss aus der Lösung dieses Minimierungsproblems abgeleitet werden, das aufgrund der folgenden Punkte jedoch einen sehr hohen Rechenaufwand aufweist:

- Aus der Sequenz der Aufenthaltsgebiete ergibt sich eine sehr hohe Anzahl an Bestimmungsparametern. Dies erschwert massiv die Konvergenz des Minimierungsproblems, vgl. [Ger04]. Beispielsweise folgen aus einem Propagationshorizont von 3 s und einer typischen Schrittweite von $\Delta t_P = 20\,\text{ms}$ bereits 150 Stützstellen und somit 300 zu berechnende Werte $(\tilde{x}_1, \ldots, \tilde{x}_{300}, \tilde{y}_1, \ldots, \tilde{y}_{300})$.
- Jede Stützstelle $(\tilde{x}_i, \tilde{y}_i)'$ muss innerhalb des zugehörigen Gebiets $\widetilde{\Omega}_i$ liegen. Dies ist in jeder Optimierungsiteration zu überprüfen. Zwar existieren durchaus effiziente Algorithmen zur Kontrolle, ob ein gegebener Punkt innerhalb oder außerhalb eines Polygons liegt [Ago05], in Anbetracht der hohen Anzahl an Stützstellen ist der Rechenaufwand jedoch dennoch sehr groß.
- Die Löcher und Einschnitte in den Gebieten erschweren erheblich die Konvergenz, da diese zu Unstetigkeiten im Minimierungsfunktional führen oder der zu bestimmende Pfad an diesen hängen bleibt. Die Gefahr ist sehr groß, dass die Länge der Bahn nicht das globale Minimum annehmen wird, sondern in einem lokalen Minimum hängen bleibt. Ohne vorwegzugreifen verdeutlichen die beiden Bilder 4.10 und 4.11 eines späteren Beispiels exemplarisch diese Verwerfungen innerhalb der räumlichen Struktur der geschichteten Aufenthaltsgebiete.

Insgesamt kann der Minimierungsansatz nicht zielführend sein und wird daher nicht weiter verfolgt. Im Folgenden soll stattdessen eine alternative Berechnung des Ausweichpfads durch die Aufenthaltsgebiete vorgestellt werden, die zwar nur suboptimale Lösungen liefern kann, dafür aber nur wenige Rechenschritte benötigt:

1. Ausgehend vom Startpunkt $(\tilde{x}_0, \tilde{y}_0)'$ werden die Stützstellen in der Projektion der Aufenthaltsgebiete $\widetilde{\Omega}_i$ senkrecht nach oben hin fortgeführt:

$$\begin{pmatrix} \tilde{x}_{i-1} \\ \tilde{y}_{i-1} \end{pmatrix} \in \widetilde{\Omega}_i \quad \Rightarrow \quad \begin{pmatrix} \tilde{x}_i \\ \tilde{y}_i \end{pmatrix} = \begin{pmatrix} \tilde{x}_{i-1} \\ \tilde{y}_{i-1} \end{pmatrix}$$

2. Wird das Aufenthaltsgebiet $\widetilde{\Omega}_i$ verlassen, weil die fortgesetzte Stützstelle $(\tilde{x}_{i-1}, \tilde{y}_{i-1})'$ in ein Loch oder in einen geclippten Gebietsbereich führt, so wird der nächstliegende Punkt $(\tilde{x}_i, \tilde{y}_i)'$ auf dem Gebietsrand $\partial\widetilde{\Omega}_i$ gewählt:

$$\begin{pmatrix} \tilde{x}_{i-1} \\ \tilde{y}_{i-1} \end{pmatrix} \notin \widetilde{\Omega}_i \quad \Rightarrow \quad \begin{pmatrix} \tilde{x}_i \\ \tilde{y}_i \end{pmatrix} \in \partial\widetilde{\Omega}_i \quad \wedge \quad \left| \begin{pmatrix} \tilde{x}_i \\ \tilde{y}_i \end{pmatrix} - \begin{pmatrix} \tilde{x}_{i-1} \\ \tilde{y}_{i-1} \end{pmatrix} \right| = \text{Min!}$$

Diese Schritte werden bis zum letzten Aufenthaltsgebiet $\widetilde{\Omega}_n$ wiederholt, sodass am Ende eine erste Sequenz von Stützstellen $(\tilde{x}_i, \tilde{y}_i)'$ für $i = 0 \dots n$ vorliegt. Bei dieser Sequenz wird jedoch erst unmittelbar bei einem Hinderniskontakt mit dem Manöver zur Kollisionsvermeidung begonnen, obwohl die Ausweichbewegung bereits viel früher hätte einsetzen müssen. Denn in der Regel reichen die fahrphysikalischen Möglichkeiten zur Realisierung der benötigten Bewegung nun nicht mehr aus. Aus diesem Grund wird der ermittelte Zielpunkt $(\tilde{x}_n, \tilde{y}_n)'$ genutzt, um ausgehend von dieser finalen Position die gesamte Sequenz rückwärts noch einmal neu zu erzeugen, sodass die Ausweichbewegung nicht erst bei Erreichen eines Hindernisses erfolgt, sondern durch die enger werdenden Aufenthaltsgebiete auf die Startposition geführt wird.

3. Senkrechte Projektion des Zielpunkts $(\tilde{x}_n, \tilde{y}_n)'$ bzw. der Stützstelle $(\tilde{x}_i, \tilde{y}_i)'$ in das vorherige Aufenthaltsgebiet $\widetilde{\Omega}_{n-1}$ bzw. $\widetilde{\Omega}_{i-1}$:

$$\begin{pmatrix} \tilde{x}_i \\ \tilde{y}_i \end{pmatrix} \in \widetilde{\Omega}_{i-1} \quad \Rightarrow \quad \begin{pmatrix} \tilde{x}_{i-1} \\ \tilde{y}_{i-1} \end{pmatrix} = \begin{pmatrix} \tilde{x}_i \\ \tilde{y}_i \end{pmatrix}$$

4. Beim Verlassen des Aufenthaltsgebiet $\widetilde{\Omega}_{i-1}$ wird der nächstliegende Punkt $(\tilde{x}_{i-1}, \tilde{y}_{i-1})'$ zu der Stützstelle $(\tilde{x}_i, \tilde{y}_i)'$ auf dem Gebietsrand $\partial\widetilde{\Omega}_{i-1}$ gewählt:

$$\begin{pmatrix} \tilde{x}_i \\ \tilde{y}_i \end{pmatrix} \notin \widetilde{\Omega}_{i-1} \quad \Rightarrow \quad \begin{pmatrix} \tilde{x}_{i-1} \\ \tilde{y}_{i-1} \end{pmatrix} \in \partial\widetilde{\Omega}_{i-1} \quad \wedge \quad \left| \begin{pmatrix} \tilde{x}_{i-1} \\ \tilde{y}_{i-1} \end{pmatrix} - \begin{pmatrix} \tilde{x}_i \\ \tilde{y}_i \end{pmatrix} \right| = \text{Min!}$$

Nachteilig an dieser suboptimalen Lösung ist die ausschließlich aufgrund geometrischer Gesichtspunkte getroffene Wahl, ob links oder rechts am Hindernis vorbei gefahren wird oder ob gebremst oder beschleunigt wird. Das Wissen über die vollständig propagierte Entwicklung des Szenarios wird schlussendlich nicht genutzt, sondern immer nur das jeweilige Aufenthaltsgebiet zur Berechnung herangezogen.

Anhand der Stützstellen lässt sich nun im Anschluss das korrespondierende Beschleunigungsprofil berechnen, das diese Sequenz möglichst genau abfahren kann und die Lenk- und Geschwindigkeitseingriffe beschreibt. Für die Stützstelle $(\tilde{x}_i, \tilde{y}_i)'$ gilt im i-ten Propagationsschritt:

$$\tilde{x}_i = \tilde{x}_{i-1} + \tilde{v}_{(i-1)\,x}\,\Delta t_P + \frac{1}{2} a_{i\,x}\,\Delta t_P^2 \tag{4.11}$$

$$\tilde{y}_i = \tilde{y}_{i-1} + \tilde{v}_{(i-1)\,y}\,\Delta t_P + \frac{1}{2} a_{i\,y}\,\Delta t_P^2\,. \tag{4.12}$$

Die Startgeschwindigkeit $(\tilde{v}_{0x}, \tilde{v}_{0y})'$ ist aufgrund der eingeführten Projektion der Aufenthaltsgebiete null. Durch numerische Integration der Beschleunigungsverläufe lassen sich die Geschwindigkeiten im Propagationsschritt i einfach berechnen:

$$\tilde{v}_{i\,x} = \sum_{j=1}^{i} a_{j\,x}\,\Delta t_P \tag{4.13}$$

$$\tilde{v}_{i\,y} = \sum_{j=1}^{i} a_{j\,y}\,\Delta t_P \,. \tag{4.14}$$

Da die Gleichungen (4.11), (4.12) sukzessive auf den vorhergehen Propagationsschritt $(i-1)$ aufbauen, können diese rekursiv ineinander eingesetzt werden, sodass sich mithilfe der Geschwindigkeiten (4.13) bzw. (4.14) die Position der Stützstellen $(\tilde{x}_i, \tilde{y}_i)'$ ausschließlich in Abhängigkeit der Beschleunigungsverläufe beschreiben lassen:

$$\underline{a}_x = \begin{pmatrix} a_{1x} & a_{2x} & \cdots & a_{n\,x} \end{pmatrix} \tag{4.15}$$

$$\underline{a}_y = \begin{pmatrix} a_{1y} & a_{2y} & \cdots & a_{n\,y} \end{pmatrix} \,. \tag{4.16}$$

Nach kurzer Rechnung erhält man:

$$\tilde{x}_i = \frac{\Delta t_P^2}{2} \sum_{j=1}^{i} a_{j\,x} \big(1 + 2(i-j)\big) \tag{4.17}$$

$$\tilde{y}_i = \frac{\Delta t_P^2}{2} \sum_{j=1}^{i} a_{j\,y} \big(1 + 2(i-j)\big) \,. \tag{4.18}$$

Dies führt auf ein lineares Gleichungssystem für die Längsbeschleunigung $\underline{a}_x$:

$$\underbrace{\frac{\Delta t_P^2}{2} \begin{pmatrix} 1 & & & & & \\ 3 & 1 & & & \mathcal{O} & \\ 5 & 3 & 1 & & & \\ 7 & 5 & \ddots & 1 & & \\ \vdots & \ddots & \ddots & \ddots & \ddots & \\ 2n-1 & \cdots & 7 & 5 & 3 & 1 \end{pmatrix}}_{\underline{\underline{F}}} \underbrace{\begin{pmatrix} a_{1x} \\ a_{2x} \\ \vdots \\ \\ a_{n\,x} \end{pmatrix}}_{\underline{a}_x} = \underbrace{\begin{pmatrix} \tilde{x}_1 \\ \tilde{x}_2 \\ \vdots \\ \\ \tilde{x}_n \end{pmatrix}}_{\underline{\tilde{x}}} \,. \tag{4.19}$$

Die Berechnung der Querbeschleunigung $\underline{a}_y$ erfolgt analog, die Integrationsmatrix $\underline{\underline{F}}$ bleibt unverändert:

$$\underline{\underline{F}}\,\underline{a}_y = \underline{\tilde{y}}_0 \,. \tag{4.20}$$

Die Matrix $\underline{\underline{F}}$ ist quadratisch und aufgrund ihrer Dreiecksform invertierbar. Somit könnten die Beschleunigungsverläufe $\underline{a}_x$, $\underline{a}_y$ prinzipiell über die Inverse $\underline{\underline{F}}^{-1}$ berechnet werden. Dies gewährleistet jedoch nicht, dass die Beschleunigungen den Maximalwert a_0 zu keinem Zeitpunkt übersteigen, wenn beispielsweise die aufgrund geometrischer Gesichtspunkte gewählten Stützstellen zu weit auseinander liegen. Aus diesem Grund müssen die Beschleunigungen $\underline{a}_x$, $\underline{a}_y$ über die Minimierung der Fehlerquadrate zwischen der gewählten Trajektorie $(\tilde{x}_1 \ldots \tilde{x}_n \mid \tilde{y}_1 \ldots \tilde{y}_n)$ und der sich aus den Beschleunigungsverläufen ergebenden Trajektorie $(\underline{\underline{F}}\,\underline{a}_x \mid \underline{\underline{F}}\,\underline{a}_y)$ unter Einhaltung der maximalen Beschleunigung a_0 bestimmt werden. Dies führt auf das nachfolgend in den Gleichungen (4.21) und (4.22) beschriebene Minimierungsproblem.

Minimierungsproblem:

$$\min_{\underline{a}_x \in \mathbb{R}^n} \left\{ \left(\underline{\underline{F}}\,\underline{a}_x - \underline{\tilde{x}}\right)' \left(\underline{\underline{F}}\,\underline{a}_x - \underline{\tilde{x}}\right) \right\} \tag{4.21}$$

$$\min_{\underline{a}_y \in \mathbb{R}^n} \left\{ \left(\underline{\underline{F}}\,\underline{a}_y - \underline{\tilde{y}}\right)' \left(\underline{\underline{F}}\,\underline{a}_y - \underline{\tilde{y}}\right) \right\} \tag{4.22}$$

mit:

$$\underline{\underline{F}} := \frac{\Delta t_P^2}{2} \begin{pmatrix} 1 & & & & & \\ 3 & 1 & & & \mathcal{O} & \\ 5 & 3 & 1 & & & \\ 7 & 5 & \ddots & 1 & & \\ \vdots & \ddots & \ddots & \ddots & \ddots & \\ 2n-1 & \cdots & 7 & 5 & 3 & 1 \end{pmatrix}$$

$$\begin{aligned} \underline{a}_x &:= (a_{1x} \quad a_{2x} \quad a_{3x} \quad \ldots \quad a_{n\,x}) \\ \underline{a}_y &:= (a_{1y} \quad a_{2y} \quad a_{3y} \quad \ldots \quad a_{n\,y}) \\ \underline{\tilde{x}} &:= (\tilde{x}_1 \quad \tilde{x}_2 \quad \tilde{x}_3 \quad \ldots \quad \tilde{x}_n\ ) \\ \underline{\tilde{y}} &:= (\tilde{y}_1 \quad \tilde{y}_2 \quad \tilde{y}_3 \quad \ldots \quad \tilde{y}_n\ ) \end{aligned}$$

Nebenbedingungen:

$$\begin{array}{ccccc} -a_0 \le a_{1y} \le a_0 & & -\sqrt{a_0^2 - a_{1y}^2} \le a_{1x} \le \sqrt{a_0^2 - a_{1y}^2} \\ -a_0 \le a_{2y} \le a_0 & & -\sqrt{a_0^2 - a_{2y}^2} \le a_{2x} \le \sqrt{a_0^2 - a_{2y}^2} \\ \vdots \quad \vdots & & \vdots \quad \vdots \\ -a_0 \le a_{n\,y} \le a_0 & & -\sqrt{a_0^2 - a_{n\,y}^2} \le a_{n\,x} \le \sqrt{a_0^2 - a_{n\,y}^2} \end{array}$$

Details zur Berechnungsvorschrift dieses Problems sind bereits im Abschnitt 3.2.2 erwähnt worden. In Anbetracht der hohen Zahl an Parametern wäre eine alternative Lösung mittels evolutionärer Algorithmen sinnvoll gewesen [Ger04], dies ist aber aufgrund der sich noch herausstellenden, mangelnden Belastbarkeit der Aufenthaltsgebiete als Basis einer Trajektorienplanung nicht weiter verfolgt worden. Abschließend muss noch überprüft werden, ob die berechnete Trajektorie alle Egoaufenthaltsgebiete $\tilde{\Omega}_i$ durchläuft und keines von ihnen verlassen wird. Ist dies der Fall, so ist die Trajektorie unter den gegebenen Annahmen bezüglich der Gefährdungs- oder Ausschlussgebiete und der angenommenen Beschleunigungsmöglichkeiten der Objekte sicher kollisionsfrei. Somit lässt sich ein kollisionsfreier Weg in einem komplexen Mehrobjektszenario unter Berücksichtigung der fahrphysikalischen Realisierbarkeit berechnen. Im Folgenden wird dieses Verfahren anhand zweier Beispielszenarien demonstriert.

4.1.5 Beispielszenario 1: Zwei Hindernisse und Fahrbahnbegrenzung

Im Bild 4.9 ist eine Propagation für ein Beispielszenario mit zwei beweglichen Hindernissen dargestellt. Die Propagationschrittweite liegt bei $\Delta t_P = 15\,\text{ms}$. Die Bewegung der Hindernisse wird als vollständig bekannt angenommen, d. h. Ausschluss- und Gefährdungsgebiete sind konstant und ein Zusammenschrumpfen bzw. Ausdehnen findet nicht statt. Die Tabelle 4.1 fasst die initialen kinematischen Bewegungen des Szenarios und die geometrischen Randbedingungen zusammen. Durch die Wahl der Innenkreise zur Beschreibung der Egofahrzeug- und Hindernisgeometrien ergeben sich für die Hindernisse Ausschlussgebiete mit einem Duchmesser von 3,6 m. Die angegebenen Fahrbahnbegrenzungen beziehen sich auf den Mittelpunkt des Egofahrzeugs, dessen Ausdehnung in Form der Innenkreisradien dabei bereits berücksichtigt ist.

Aus der Abfolge erkennt man, wie sich das Aufenthaltsgebiet des Egofahrzeugs dem ersten voraus liegenden Hindernis V_1 nähert, das sich deutlich langsamer in die gleiche Richtung nach rechts bewegt. Noch bevor dieses erste erreicht wird, kommt das zweite Hindernis V_2 entgegen und teilt das Egoaufenthaltsgebiet bei $t_{97} = 1{,}46\,\text{s}$ in zwei separate Teile auf, die nun getrennt voneinander propagiert werden müssen. Beide Gebiete wachsen weiter an, während sie sich auf das ursprünglich erste, noch voraus

Tabelle 4.1: Beispielszenario 1: Bewegungsgrößen und geometrische Randbedingungen

	x_0	y_0	v_{0x}	v_{0y}	a_0	$2R = l$	$2r = b$
Egofahrzeug	0 m	0 m	20 m/s	0 m/s	3 m/s^2	4 m	1,8 m
Hindernis 1	27 m	−0,25 m	7 m/s	0 m/s	0 m/s^2	4 m	1,8 m
Hindernis 2	71,5 m	2 m	−30 m/s	−0,5 m/s	0 m/s^2	4 m	1,8 m
Fahrbahnrand y_{Fl}		3,5 m					
Fahrbahnrand y_{Fr}		−2,5 m					

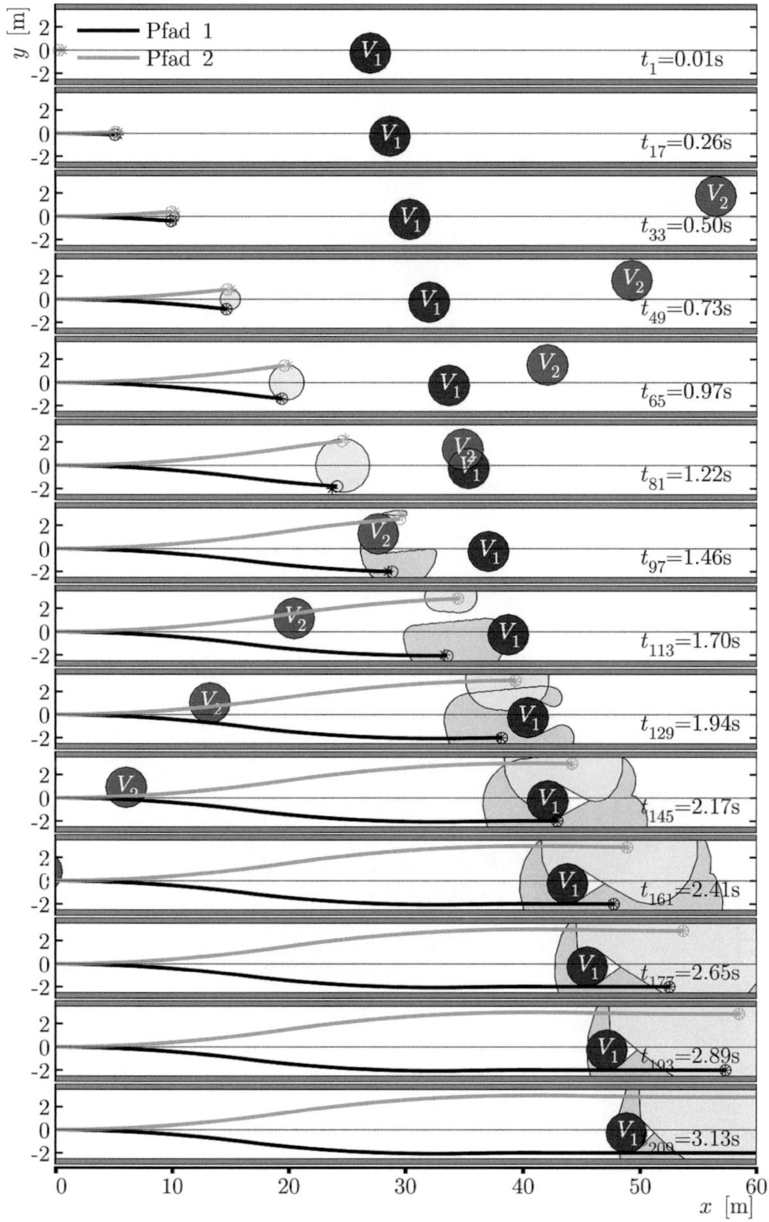

Bild 4.9: Beispielszenario 1: Propagation der Aufenthaltsgebiete ($v_0 = 20\,\mathrm{m/s}, a_0 = 3\,\mathrm{m/s^2}$)

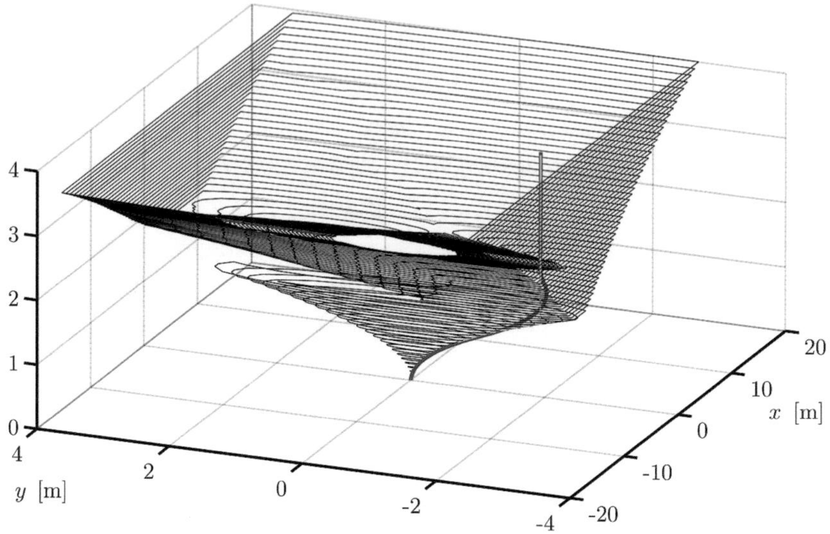

Bild 4.10: Beispielszenario 1: Projektion der Aufenthaltsgebiete (Pfad 1)

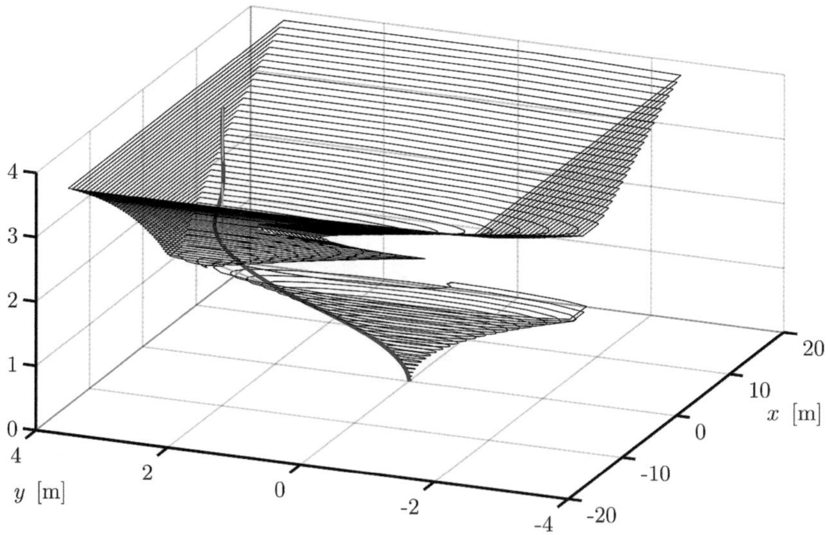

Bild 4.11: Beispielszenario 1: Projektion der Aufenthaltsgebiete (Pfad 2)

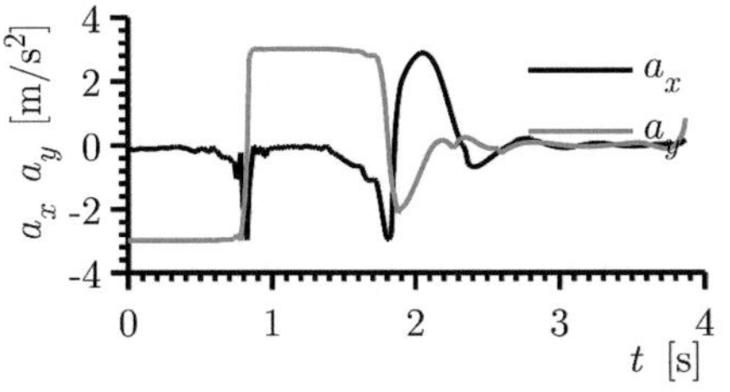

Bild 4.12: Beispielszenario 1: Längs- und Querbeschleunigung (Pfad 1)

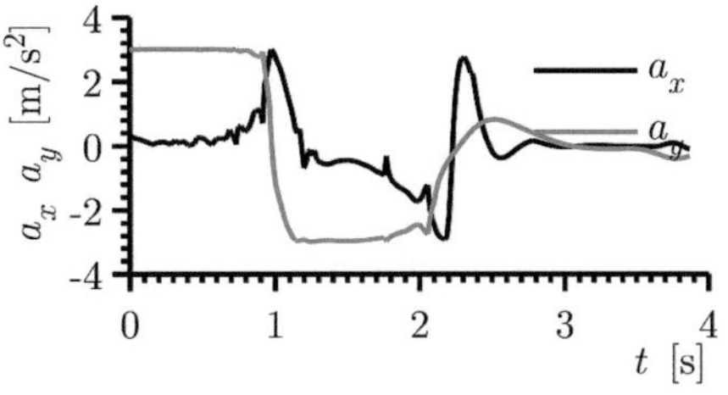

Bild 4.13: Beispielszenario 1: Längs- und Querbeschleunigung (Pfad 2)

liegende Hindernis V_1 zubewegen. Dabei umfließt das Gebiet des ersten Pfads das Hindernis beidseits und wächst gleichzeitig so schnell, dass es auf der Rückseite bereits wieder zusammenfließt, bevor sich die beiden Arme auf der Vorderseite voneinander getrennt haben. Dadurch entsteht keine weitere Aufspaltung in einen zusätzlichen Teil und somit auch kein zusätzlicher dritter Pfad. Insbesondere zu späteren Propagationszeitpunkten fließt das Aufenthaltsgebiet wieder sehr schnell in den Bereich hinter einem Hindernis hinein, was sehr gut zu den Zeitpunkten $t_{129} = 1,94\,\mathrm{s}$ und $t_{145} = 2,17\,\mathrm{s}$ zu erkennen ist. Wird das Hindernis dabei von beiden Seiten umflossen, so wird der Winkel unter dem die beiden Arme wieder zusammenlaufen, mit der Propagationszeit kontinuierlich stumpfer. Dies verdeutlicht nochmals die Problematik der Überabschätzung, denn dieses sofortige Hineinfließen in den abgeschatteten Bereich resultiert aus der fahrphysikalisch nicht realisierbaren Tatsache, dass das Aufenthaltsgebiet des Egofahrzeugs sich stets in alle Richtungen ausdehnt, völlig unabhängig von den real erreichbaren Geschwindigkeiten auf dem Rand. Beim Passieren des Hindernisses zum Propagationsschritt i kann es sich sofort wieder in dessen Schattenbereich mit der Geschwindigkeit $a_0\, i\Delta t_P$ hinein bewegen, ohne zunächst die laterale Geschwindigkeit kompensieren zu müssen bzw. in diese Richtung zu beschleunigen.

In den Bildern 4.10 und 4.11 sind die Aufenthaltsgebiete $\widetilde{\Omega}_i$ des Egofahrzeugs für beide Pfade übereinander geschichtet dargestellt. Für den ersten Pfad erkennt man sehr deutlich, wie das umflossene Hindernis einen Tunnel durch diese räumliche Struktur zieht. Die Gebiete werden in ihrer lateralen Ausdehnung lediglich durch die Fahrbahnbegrenzungen bei $y_{Fr} = -2,5\,\mathrm{m}$ bzw. $y_{Fl} = 3,5\,\mathrm{m}$ limitiert. Im Gegensatz dazu können sie sich in Längsrichtung ungehindert ausdehnen. Beide Abbildungen sind um die nach der beschriebenen Vorschrift ermittelten Trajektorie ergänzt worden. Die zugehörigen Beschleunigungsprofile zeigen die Bilder 4.12 und 4.13, aus denen sich die benötigten Steuerbewegungen des Egofahrzeugs zum Abfahren ergeben. Der Eingriff in die Längsbewegung fällt dabei gering aus, da die Querbewegung bei der Berechnung der Trajektorie durch die Randbedingung stärker priorisiert wird und für die Längsbewegung nur noch der Anteil der geometrischen Subtraktion zwischen der

Grenze des Kammschen Kreises und der Querbeschleunigung verbleibt.

Eine weitere Schwäche des Verfahrens wird hier offenbar. Anhand der Abfolge der Propagation müsste es eigentlich noch einen dritten Pfad zwischen den Hindernissen hindurch geben, indem erst rechts am Hindernis V_2 und anschließend links am Hindernis V_1 vorbei gefahren wird. Da das Gebiet aber nach dem zweiten Hindernis wieder zusammenfließt, bevor es sich vor dem Hindernis V_1 vollständig geteilt hat, kann dieser dritte Pfad nicht entdeckt werden und die Trajektorienplanung entscheidet sich, rechts am Hindernis V_1 vorbeizufahren. Prinzipiell müsste es bei zwei Hindernissen sogar noch einen vierten Pfad geben, nämlich wenn es dem Gebiet im Pfad 2 gelingen würde, hinter dem Hindernis V_2 bis auf die untere Fahrbahnseite zu gelangen und das Hindernis V_1 rechts zu umfahren. Diese Bewegung ist jedoch nicht möglich, da die Hindernisse zu dicht aufeinander folgen und sich das Egoaufenthaltsgebiet nicht mehr bis zum unteren Fahrbahnrand propagieren lässt. Man erkennt aber, wie zum Zeitpunkt t_{145} noch ein Ausläufer des Aufenthaltsbiets versucht, sich unten herum am Hindernis V_1 entlang zu schlängeln, aber letztlich durch das Hindernis vernichtet wird.

4.1.6 Beispielszenario 2: Zehn Hindernisse

Als zweites Beispiel wird ein komplexes Mehrobjektszenario mit sieben beweglichen und drei stehenden Hindernissen vorgestellt. Die Propagationsabfolge ist in den Bildern 4.14 und 4.15 dargestellt. Als Propagationschrittweite ist wieder $\Delta t_P = 15\,\text{ms}$ gewählt und die Bewegung der Hindernisse als vollständig bekannt angenommen worden. Die genauen kinematischen Bewegungsparameter des Szenarios und die geome-

Tabelle 4.2: Beispielszenario 2: Bewegungsgrößen und geometrische Randbedingungen

	x_0	y_0	v_{0x}	v_{0y}	a_0	$2R = l$	$2r = b$
Egofahrzeug	0 m	0 m	20 m/s	0 m/s	3 m/s²	4 m	1,8 m
Hindernis 1	27 m	−0,25 m	7 m/s	0 m/s	0 m/s²	4 m	1,8 m
Hindernis 2	71 m	2 m	−30 m/s	−5 m/s	0 m/s²	4 m	1,8 m
Hindernis 3	16,75 m	10 m	0 m/s	9 m/s	0 m/s²	4 m	1,8 m
Hindernis 4	5,5 m	−5 m	10 m/s	5 m/s	0 m/s²	4 m	1,8 m
Hindernis 5	23,75 m	−10 m	0 m/s	6 m/s	0 m/s²	4 m	1,8 m
Hindernis 6	51,75 m	2 m	0 m/s	0 m/s	0 m/s²	4 m	1,8 m
Hindernis 7	51,75 m	−4 m	0 m/s	0 m/s	0 m/s²	4 m	1,8 m
Hindernis 8	87 m	−12 m	−5 m/s	3 m/s	0 m/s²	4 m	1,8 m
Hindernis 9	53,75 m	−2 m	0 m/s	0 m/s	0 m/s²	4 m	1,8 m
Hindernis 10	27 m	−10 m	5 m/s	6 m/s	0 m/s²	4 m	1,8 m

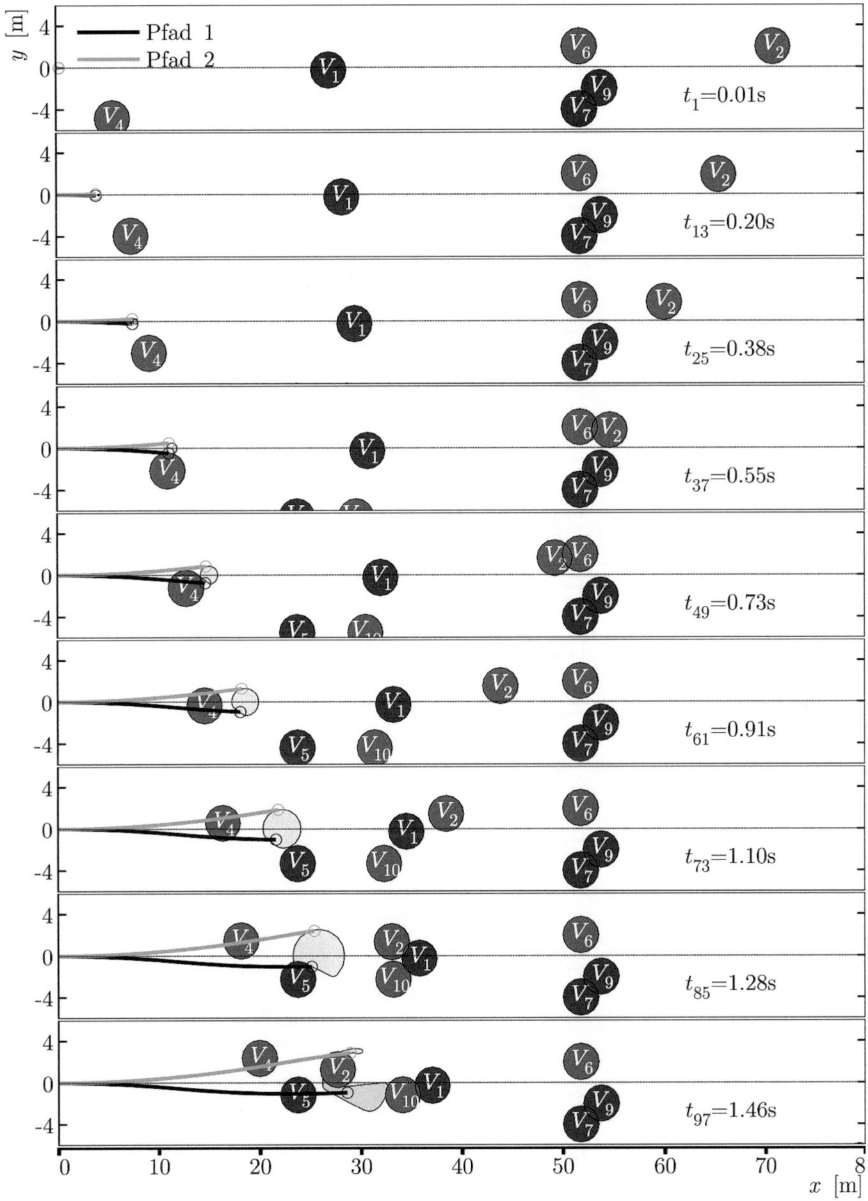

Bild 4.14: Beispielszenario 2: Propagation der Aufenthaltsgebiete ($v_0 = 20\,\mathrm{m/s}, a_0 = 3\,\mathrm{m/s^2}$) (Teil 1)

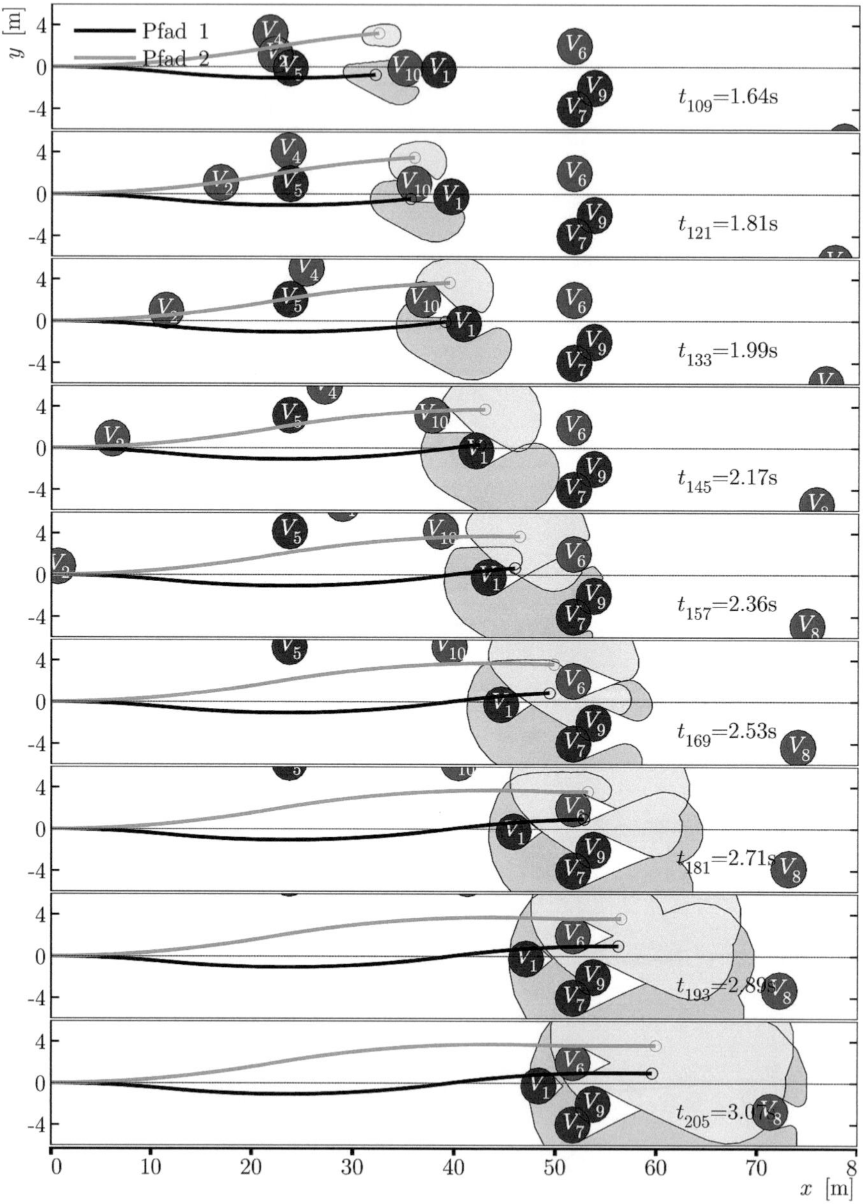

Bild 4.15: Beispielszenario 2: Propagation der Aufenthaltsgebiete ($v_0 = 20\,\mathrm{m/s}, a_0 = 3\,\mathrm{m/s^2}$) (Teil 2)

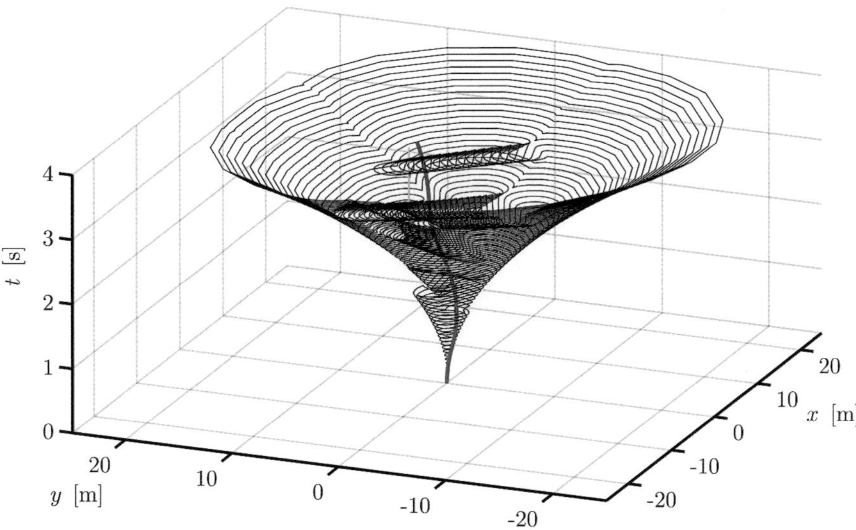

Bild 4.16: Beispielszenario 2: Projektion der Aufenthaltsgebiete (Pfad 1)

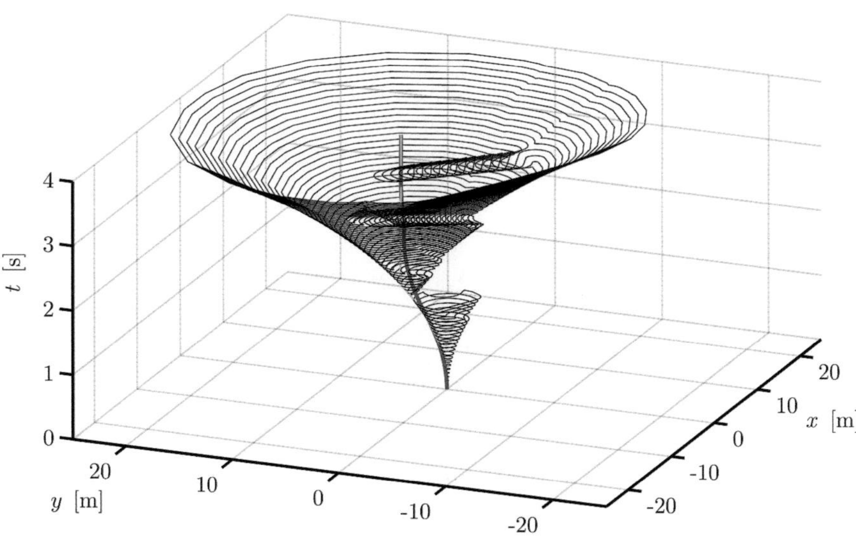

Bild 4.17: Beispielszenario 2: Projektion der Aufenthaltsgebiete (Pfad 2)

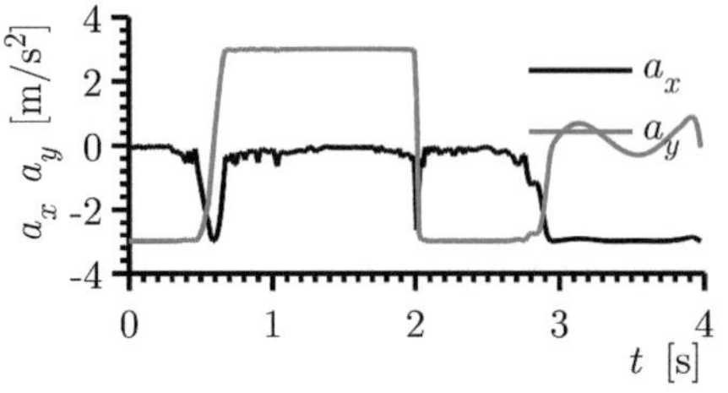

Bild 4.18: Beispielszenario 2: Längs- und Querbeschleunigung (Pfad 1)

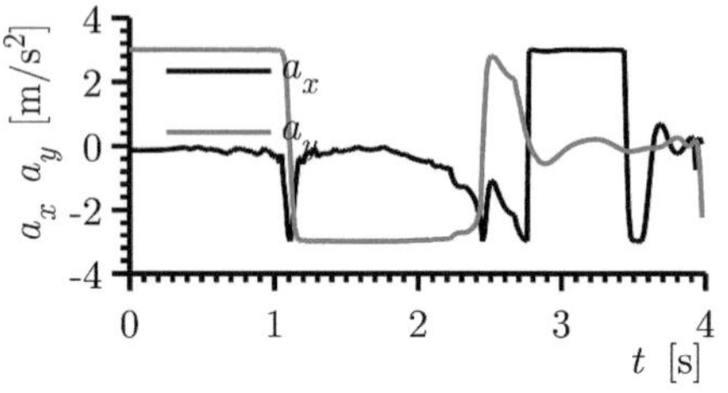

Bild 4.19: Beispielszenario 2: Längs- und Querbeschleunigung (Pfad 2)

trischen Abmessungen sind der Tabelle 4.2 zu entnehmen. Fahrbahnbegrenzungen existieren nicht.

Das Egofahrzeug kann das Hindernis V_4 noch problemlos passieren. Beim Kontakt mit dem Hindernis V_5 wird das Aufenthaltsgebiet bereits deformiert und durch das Hindernis V_2 in zwei Teile aufgespalten, die im Anschluss getrennt voneinander propagiert werden. Im weiteren Verlauf treffen die beiden Egoaufenthaltsgebiete auf die nächsten Hindernisse, die das Gebiet weiter deformieren. Zwischen den drei stehenden Hindernissen V_6, V_7 und V_9 auf der Längsposition von etwa $x \approx 52\,\mathrm{m}$ fließen die beiden Gebiete zum Zeitpunkt $t_{157} = 2,36\,\mathrm{s}$ hindurch und vereinigen sich danach aufgrund der bereits hohen Überabschätzung wieder sehr schnell, sodass keine weitere Teilung der Aufenthahltsgebiete des Egofahrzeugs mehr erfolgt. Wie bereits im ersten Beispielszenario detailliert erläutert, fließen auch hier wieder die Aufenthaltsgebiete entgegen der fahrphysikalischen Realisierbarkeit sehr rasch in den abgeschatteten Bereich hinter den Hindernissen hinein.

In den Bildern 4.16 und 4.17 sind die propagierten Egoaufenthaltsgebiete $\widetilde{\Omega}_i$ dargestellt und verdeutlichen die longitudinale und laterale Ausdehnung zu den einzelnen Propagationszeitschritten t_i. Dabei werden die Gebiete von den Ausschluss- bzw. Gefährdungsgebieten der Hindernisse deformiert und durchsetzt. Die Trajektorien für die beiden Pfade durch diese Gebiete sind ebenfalls eingezeichnet. Die dazugehörigen Beschleunigungsprofile zeigen die Bilder 4.18 und 4.19:

- **Pfad 1**: Für diesen Pfad findet die Trajektorienplanung leider keinen fahrbaren Weg, obwohl offensichtlich zwei aufgrund des zur Verfügung stehenden Raums realisierbar sein sollten. Denn das Egofahrzeug könnte entweder ganz unten entlang fahren oder aber vor den drei stehenden Hindernisse V_6, V_7 und V_9 wieder nach oben lenken und sich zwischen diesen hindurch schlängeln. Stattdessen lenkt es bei $x \approx 42\,\mathrm{m}$ zum Zeitpunkt t_{145} durch das Hindernis V_1 hindurch und verlässt das Egoaufenthaltsgebiet $\widetilde{\Omega}_{145}$, weil die Vorgaben zu restriktiv sind.

- **Pfad 2**: In den Propagationsschritten $t_{97} = 1{,}46\,\mathrm{s}$ und $t_{181} = 2{,}71\,\mathrm{s}$ lenkt das Fahrzeug jeweils scharf an einem Hindernis vorbei, ohne jedoch das Aufenthaltsgebiet zu verlassen.

Es wird offensichtlich, dass die vorgeschlagene Art und Weise zur Berechnung einer geeigneten Trajektorie anhand geometrischer Vorgaben nicht immer in der Lage ist, auch einen realisierbaren Weg zu finden. Insbesondere wenn offensichtlich mehrere Wege möglich sind, erscheint die getroffene Wahl recht willkürlich. Denn zählt man die Arme der Aufenthaltsgebiete zusammen, die sich zwischen den Hindernissen hindurchschlängeln, so hätte man trotz des Zusammenfließens der Gebiete prinzipiell am Ende acht mögliche Pfade zur Auswahl.

4.1.7 Abschließende Bemerkungen zum Propagationsverfahren

Die bisherigen Ergebnisse sind im Hinblick auf eine kollisionsvermeidende Trajektorie in Mehrobjektszenarien leider recht ernüchternd. Zwar löst man sich durch den Ansatz der Aufenthaltsgebiete von expliziten Trajektorien und betrachtet sie in ihrer Gesamtheit. Durch die Überabschätzung erfolgt diese Darstellung jedoch zu allgemein, denn aufgrund der fehlenden Geschwindigkeitsinformation werden die Gebiete zu groß propagiert und es existieren zu häufig keine fahrphysikalisch realisierbaren Trajektorien, die alle Gebiete durchlaufen, bzw. die sich nur sehr schwer anhand dieser Gebiete identifizieren lassen. Der Nutzen der Propagationsgebiete für die Trajektorienplanung ist daher letztlich fraglich, wenn sich die belastbaren Bewegungsmöglichkeiten aus den zu großen Gebieten nicht zuverlässig ableiten lassen.

Für jedes Hindernis muss vorab eine Bewegungshypothese aufgestellt werden, die von einer unveränderten Bewegung bis hin zu einer maximalen Beschleunigung von $9{,}81\,\mathrm{m/s^2}$ reichen kann. Interessanterweise unterscheiden sich bei bekannter Bewegung die Gefährdungs- und Ausschlussgebiete lediglich um die Differenz der gewählten Innenkreis- bzw. Außenkreisradien, wohingegen mit wachsender Beschleunigung die Gefährdungsgebiete größer, die Ausschlussgebiete jedoch kleiner werden und sich schlussendlich auflösen. Die Gefährdungsgebiete stellen eine Worst-Case-Annahme dar und gehen von einem maximal aggressiven Fahrverhalten des Hindernisses aus, das auf Kollisionskurs mit dem Egofahrzeug ist. Jede ungünstige Konstellation für eine Kollision wird ausgeschlossen, wenn die Gefährdungsgebiete mit den Außenkreisradien von Ego- und Hindernisfahrzeug gebildet werden. Demgegenüber gehen die Ausschlussgebiete von einem kooperierenden Verhalten aus, d. h. das Hindernis versucht ebenfalls, eine Kollision zu vermeiden. Das Hindernis kann jedoch mit seiner geometrischen Ausdehnung unter keinen Umständen verhindern, dass es innerhalb der Ausschlussgebiete zu einer Kollision kommt, wenn diese mit den Innenkreisradien gebildet werden. Folglich ist ein Tauschen der Radien, also die Bildung der Gefährdungsgebiete mit den Innenkreisradien und die der Ausschlussgebiete mit den Außenkreisradien nicht sinnvoll, da die Kriterien „maximale Kollisionsvermeidung“ bei den

Gefährdungsgebieten und „Kollisionsunvermeidbarkeit“ bei den Ausschlussgebieten aufgeweicht werden würden und die anhand der Propagation getroffene Situationsanalyse nicht mehr belastbar wäre.

Abschließend lässt sich schlussfolgern, dass das Propagationsverfahren unter Verwendung der Ausschlussgebiete nur geeignet ist, um in einem Mehrobjektszenario eine unvermeidbare Kollision zu erkennen, nämlich wenn das Egoaufenthaltsgebiet durch ein Ausschlussgebiet eines Hindernisses eliminiert wird. Allerdings können nicht alle Kollisionen erkannt werden und somit dürfen im Umkehrschluss die Egoaufenthaltsgebiete auch nicht als Basis zur Ableitung einer sicheren Fahrstrategie herangezogen werden. Für diesen Fall müssten im Propagationsverfahren die Gefährdungsgebiete genutzt werden, um sicher kollisionsfreie Aufenthaltsgebiete des Egofahrzeugs zu erhalten. Aufgrund der Problematik der Überabschätzung und der verwendeten Außenkreisradien ist es jedoch dann häufig nicht mehr möglich, eine fahrbare Trajektorie durch die Egoaufenthaltsgebiete zu finden. Folglich ist dieses Verfahren sehr gut für Funktionen geeignet, die eine Kollisionsunvermeidbarkeit mittels der Ausschlussgebiete sicher erkennen müssen, beispielsweie bei einer automatischen Notbremsfunktion, nicht jedoch für Funktionen, die auf Basis der Egoaufenthaltsgebiete versuchen, eine Fahrstrategie abzuleiten. Denn in diesem Fall interessiert nicht nur das letzte, sondern die gesamte Sequenz der Aufenthaltsgebiete, die während der Propagation gespeichert und im Anschluss genutzt werden müssen. Je nach Komplexität, der Anzahl der Pfade und dem gewählten Propagationshorizont wird ein entsprechend umfangreiches Datenmanagement benötigt. Darüber hinaus ist der algorithmische Aufwand enorm. Abgesehen von der Propagation der Gebiete und der Generierung der Ausschluss- bzw. Gefährdungsgebiete unter Berücksichtigung der vielen möglichen Spezialfälle, wie beispielsweise Gebietslöcher, Überschneidungen und Vereinigungen oder Ergänzungen von Polygonzügen an Eckpunkten, ist auch die Berechnung der Trajektorie an dieser Stelle noch nicht zufriedenstellend gelöst worden.

4.2 Methode der Passierungstore

Die Unzulänglichkeiten im vorherigen Verfahren liegen im Wesentlichen in der fehlenden Geschwindigkeitsinformation begründet, wodurch sich fahrphysikalisch nicht realisierbare Bewegungen ergeben, die aufgrund der unzulänglichen mathematischen Beschreibung nicht weiter eingeschränkt werden können. Wie bereits erwähnt, ließe sich durch eine Erweiterung der Aufenthaltsgebiete um die Zustände v_x und v_y das tatsächlich erreichbare Gebiete realitätsnäher einschränken. Problematisch ist dabei allerdings, dass nicht zwangsläufig jedem Ort im Aufenthaltsgebiet eine eindeutige Geschwindigkeit zugeordnet werden kann, sondern prinzipiell Intervalle bzw. Geschwindigkeitsbereiche möglich sein müssten. Eine Erweiterung des Verfahrens müsste daher für jeden Punkt im Aufenthaltsgebiet die maximale und die minimale Geschwindigkeit in x- und y-Richtung während der Propagationsschritte „buchführen“. Dies wird aufgrund des sehr hohen algorithmischen Aufwands nicht weiter verfolgt. Betrachtet man jedoch noch einmal die beiden vorherigen Beispiele und die zugehörigen Beschleunigungsprofile der Trajektorien in den Bilden 4.12, 4.13 bzw. 4.18, 4.19 genauer, erkennt man, dass die Längsbeschleunigung nur einen geringen Anteil besitzt, da die laterale Bewegung durch die Nebenbedingungen priorisiert wird und den größten Anteil des Gesamtbeschleunigungspotenzials aufzehrt. Folglich ist es naheliegend, das Verfahren in eine longitudinale und eine laterale Bewegung zu zerlegen und die Propagation unter Annahme von Bewegungshypothesen für die Hindernisse ausschließlich auf die laterale Bewegung anzuwenden. Durch eine Trennung der Propagation wird es einerseits möglich, die laterale Geschwindigkeit mit zu berücksichtigen und die Propagation schärfer zu formulieren, andererseits lässt sich dadurch die Komplexität handhabbar begrenzen, vgl. hierzu [Sch07]. Aus der präzisen Abbildung der lateralen Bewegungsmöglichkeit lassen sich im Anschluss *Passierungstore* postulieren, die das Egofahrzeug durchfahren muss, um jegliche Kollision mit den beteiligten Hindernissen zu vermeiden.

4.2.1 Longitudinale Propagation

Im ersten Schritt werden anhand der longitudinalen Propagation die Positionen bestimmt, an denen das Egofahrzeug in Längsrichtung auf die einzelnen Hindernisse trifft und die Bereiche ermittelt, die zu einer Kollision aufgrund der gegenseitigen Überdeckung der Fahrzeuggeometrien führen würden. Betrachtet man dazu zunächst ausschließlich die longitudinale Bewegung des Egofahrzeugs, so gilt die allgemeine Gleichung (2.4):

$$x(t) = v_x t + \frac{1}{2} a_x t^2 \ . \tag{4.23}$$

Der Beschleunigungsterm in der Bewegungsgleichung kann zu null gesetzt werden, wenn von einer gleichförmigen Bewegung des Egofahrzeugs als Fahrhypothese ausgegangen werden soll. Im Folgenden wird sie aber für den allgemeinen Fall berücksichtigt. Für die Hindernisse V_i werden gleichermaßen die allgemeine Bewegungsgleichung angesetzt:

$$x_{Vi}(t) = x_{Vi} + v_{x\,Vi} t + \frac{1}{2} a_{x\,Vi} t^2 \ . \tag{4.24}$$

Für jedes Hindernis muss eine Bewegungshypothese getroffen werden, die die zukünftige Bewegung a-priori festlegt. Wird beispielsweise ein Hindernis als maximal unkooperativ angenommen, so muss das gesamte Intervall für die Beschleunigung $a_{x\,Vi} \in [a_{x\mathrm{Min}}, a_{x\mathrm{Max}}]$ in Betracht gezogen werden. Im nächsten Schritt wird nun untersucht, wann der früheste Kontakt der Fahrzeuggeometrien zwischen dem Egofahrzeug E und den Hindernissen V_i mit ihren jeweiligen Bewegungshypothesen erfolgt und

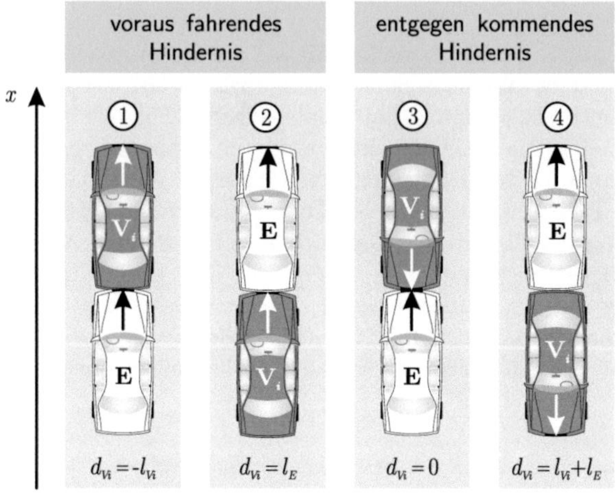

Bild 4.20: Erster und letzter Kontaktpunkt zwischen Ego- und Hindernisfahrzeug während der „virtuellen" Durchdringung

wann der jeweils letzte Kontakt besteht. Dabei ist es ohne Belang, ob die Hindernisse in der eigenen Spur oder in einer Nachbarspur fahren oder von der Seite kommend die Spur kreuzen, sondern es wird ausschließlich die Längsposition x betrachtet. Die laterale Position y ist in der longitudinalen Propagation irrelevant und wird nicht berücksichtigt. Das bedeutet aber auch, dass Hindernisse, die tatsächlich auf Kollisionskurs liegen und gefahrlose Hindernisse auf der Nebenfahrbahn nicht voneinander unterschieden werden.

Unter Berücksichtigung der Fahrzeuggeometrien werden die Zeitpunkte t_i, t_i' und die Positionen x_i, x_i' identifiziert, zwischen denen eine „virtuelle" Überdeckung von Egofahrzeug und Hindernis V_i stattfindet. Analytisch erfolgt dies durch Gleichsetzen der Bewegungsgleichungen (4.23) und (4.24). Da als Bezugspunkt für die Fahrzeugbewegung generell die Mitte der vorderen Stoßstange gewählt wird, muss für die Berechnung der Kontaktzeitpunkte die Bewegungsgleichung des Hindernisses um die Fahrzeuglänge des Hindernisses und oder des Egofahrzeugs ergänzt werden. Dabei sind vier verschiedene Fälle für den zusätzlichen Abstand d_{Vi} zu unterscheiden, die im Bild 4.20 verdeutlicht werden. Im Fall eines rückwärtigen, aber schnelleren Hindernisses ist die Reihenfolge der Kontaktpunkte gegenüber dem voraus fahrenden Hindernis vertauscht. Bei einem querenden Hindernis muss statt der Hindernisfahrzeuglänge die halbe Hindernisbreite herangezogen werden, bei schräg fahrenden Hindernissen muss

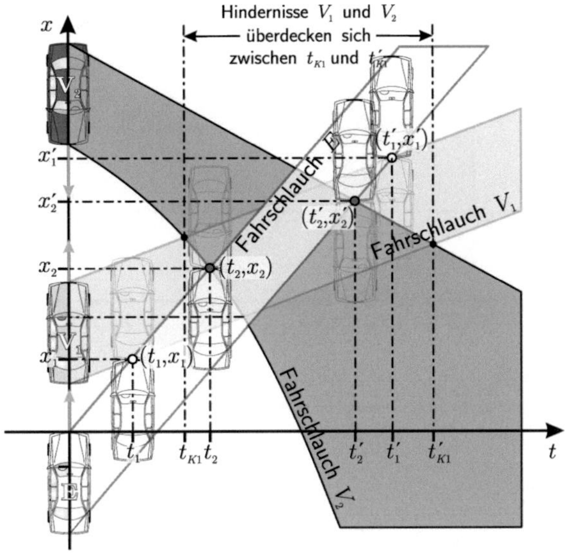

Bild 4.21: Kontaktpunkte durch „virtuelle“ Durchdringung der Fahrschläuche

in Abhängigkeit der Orientierung entsprechend entschieden werden, welche Größe zu wählen ist. Als Lösung des Kontaktzeitpunkts erhält man:

$$x(t_i) \stackrel{!}{=} x_{Vi}(t_i) \ : \quad \Rightarrow \quad t_i = -\frac{v_{x\,Vi} - v_x}{a_{x\,Vi} - a_x} \pm \sqrt{\left(\frac{v_{x\,Vi} - v_x}{a_{x\,Vi} - a_x}\right)^2 - \frac{2\,(x_{Vi} + d_{Vi})}{a_{x\,Vi} - a_x}}\,. \quad (4.25)$$

Diese Gleichung ist für den ersten und für den letzten Kontaktpunkt zwischen dem Egofahrzeug E und jedem einzelnen Hindernis V_i zu berechnen. Unter der Forderung, dass der Zeitpunkt t_i größer null sein muss und weder Hindernis noch Egofahrzeug durch die Beschleunigungskomponente die Fahrtrichtung geändert haben dürfen, sprich plötzlich rückwärts fahren, lassen sich aus den zwei Lösungen der quadratischen Gleichung die jeweils plausible identifizieren. Trägt man die Gleichungen der Längsposition sämtlicher Fahrzeuge in der Form x über t unter Berücksichtigung der Startpositionen x_{Vi} grafisch auf, so lassen sich die Kontaktpunkte als die Schnittpunkte der Fahrschläuche konstruieren, wie es anschaulich im Bild 4.21 anhand eines Egofahrzeugs E und zweier Hindernisse V_1 und V_2 dargestellt ist. Während das erste Hindernis V_1 voraus liegend langsamer, aber mit konstanter Geschwindigkeit in gleicher Richtung fährt, kommt ein zweites Hindernis V_2 entgegen, für das eine Beschleunigung im Bereich $0 \leq a_{x\,V2} \leq a_{x\text{Max}}$ angenommen worden ist. Anhand der Fahrschläuche ergeben sich der erste Kontakt des Egofahrzeugs mit dem Hindernis V_1

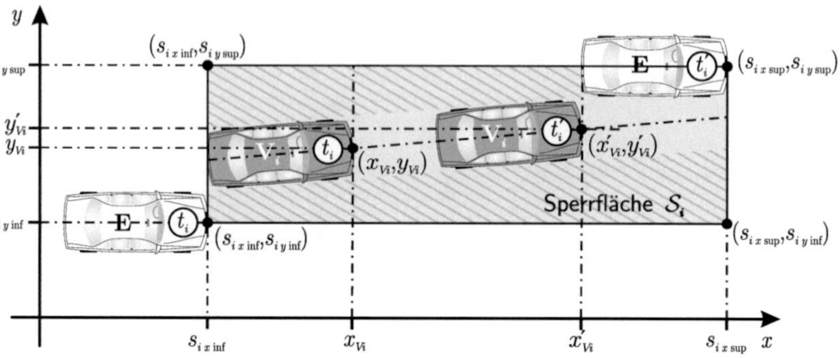

Bild 4.22: Konstruktion der Sperrfläche anhand der longitudinalen Propagation und der lateralen Hindernisbewegung

bei x_1 beim Auftreffen auf dessen Heck und der letzte Kontakt bei x'_1, nachdem das Egofahrzeug das Hindernis virtuell durchdrungen hat und sich das Heck gerade von der vorderen Stoßstange des Hindernisses löst. Für das entgegen kommende Hindernis V_2 erfolgt der erste Kontakt bei (t_2, x_2), wenn beide Fahrzeugfronten aufeinander treffen, und der letzte bei (t'_2, x'_2), wenn beide Hecks sich gerade noch berühren. Der letzte Kontaktpunkt wird jeweils durch die gestrichene Größe gekennzeichnet.

Zwischen dem ersten und dem letzten Kontaktpunkt stellt das Hindernis eine potenzielle Gefahr dar, d. h. das Egofahrzeug darf den Bereich, den das Hindernis zwischen diesen Zeitpunkten überdeckt, nicht befahren. Anhand der Positionen (x_{Vi}, y_{Vi}) und (x'_{Vi}, y'_{Vi}), die das Hindernis V_i zu Beginn und am Ende einnimmt, lässt sich unter Berücksichtigung der Fahrzeuggeometrien von Egofahrzeug und Hindernis in Analogie zum Gefährdungsgebiet des Propagationsverfahrens eine rechteckförmige Sperrfläche $\mathcal{S}_i$ definieren, die vom Egofahrzeug nicht befahren werden darf. Das Bild 4.22 verdeutlicht dies für ein Hindernis V_i, wobei für dieses Hindernis eine leicht schräge Fahrtrichtung gegenüber dem Egofahrzeug angenommen worden ist, was zu einer zusätzlichen kleinen Aufdehnung der Sperrfläche in y-Richtung führt. Die vier Eckpunkte $(s_{i\,x\,\mathrm{inf}}, s_{i\,y\,\mathrm{inf}})$, $(s_{i\,x\,\mathrm{sup}}, s_{i\,y\,\mathrm{inf}})$, $(s_{i\,x\,\mathrm{inf}}, s_{i\,y\,\mathrm{sup}})$ und $(s_{i\,x\,\mathrm{sup}}, s_{i\,y\,\mathrm{sup}})$ der Sperrfläche $\mathcal{S}_i$ lassen sich für voraus fahrende und entgegen kommende Hindernisse zusammenfassen. Man erhält:

$$s_{i\,x\,\mathrm{inf}} = \mathrm{Min}\left\{ x_{Vi}(t_i)\,, \quad x_{Vi}(t_i) - \mathrm{sign}(v_{x\,Vi})\, l_{Vi} \right\} \tag{4.26}$$

$$s_{i\,y\,\mathrm{inf}} = \mathrm{Min}\left\{ y_{Vi}(t_i) - \left(\frac{b_{Vi}}{2} + \frac{b_E}{2}\right), \quad y_{Vi}(t'_i) - \left(\frac{b_{Vi}}{2} + \frac{b_E}{2}\right) \right\} \tag{4.27}$$

$$s_{i\,x\,\mathrm{sup}} = \mathrm{Max}\left\{ x_{Vi}(t'_i) + l_E\,, \quad x_{Vi}(t'_i) - \mathrm{sign}(v_{x\,Vi})\,(l_{Vi} + l_E) \right\} \tag{4.28}$$

$$s_{i\,y\,\mathrm{sup}} \;=\; \mathrm{Max}\Bigg\{\; y_{Vi}(t_i) + \left(\frac{b_{Vi}}{2} + \frac{b_E}{2}\right) \;,\; y_{Vi}(t_i') + \left(\frac{b_{Vi}}{2} + \frac{b_E}{2}\right) \;\Bigg\} \tag{4.29}$$

Die laterale Ausdehnug ist dabei um die Summe der halben Fahrzeugbreite von Ego- und Hindernisfahrzeug $(b_E + b_{Vi})/2$ erweitert worden. Die untere Begrenzung $s_{i\,y\,\mathrm{inf}}$ ergibt sich aus der minimalen lateralen Position, die entweder zu Beginn t_i oder zum Ende t_i' eingenommen wird, die obere Begrenzung $s_{i\,y\,\mathrm{sup}}$ analog aus der maximalen lateralen Position. Die longitudinalen Begrenzungen $s_{i\,x\,\mathrm{inf}}$, $s_{i\,x\,\mathrm{sup}}$ folgen unmittelbar unter Beachtung der Fahrzeuglängen l_E und l_{Vi} der beteiligten Fahrzeuge aus der longitudinalen Propagation. Mittels der Signum-Funktion lassen sich die vier Fälle entsprechend Bild 4.20 zusammenfassen. Beispielsweise wird ein entgegen kommendes Hindernis zunächst an der vorderen Stoßstange getroffen. Daher folgt für die untere Begrenzung $s_{i\,x\,\mathrm{inf}}$:

$$x_{Vi}(t_i) \;<\; x_{Vi}(t_i) - \underbrace{\mathrm{sign}(v_{x\,Vi})}_{=-1}\, l_{Vi} \quad\Rightarrow\quad s_{i\,x\,\mathrm{inf}} = x_{Vi}(t_i)\;.$$

Hingegen ergibt sich der letzte Kontaktpunkt am Ende der virtuellen Durchdringung, wenn beide hinteren Stoßstangen gerade noch aneinander stoßen. Somit gilt für die obere Begrenzung $s_{i\,x\,\mathrm{sup}}$ in diesem Fall:

$$x_{Vi}(t_i') + l_E \;<\; x_{Vi}(t_i') - \underbrace{\mathrm{sign}(v_{x\,Vi})}_{=-1}\,(l_{Vi} + l_E) \quad\Rightarrow\quad s_{i\,x\,\mathrm{sup}} = x_{Vi}(t_i) + (l_{Vi} + l_E)\;.$$

4.2.2 Laterale Propagation

Analog zur bekannten Beschreibung der longitudinalen Bewegung folgt für die laterale Bewegung bei vorhandener Quergeschwindigkeit v_y:

$$t \geq t_i: \qquad y(t) = y(t_i) + v_y(t_i)\left(t - t_i\right) + \frac{1}{2}a_y\left(t - t_i\right)^2\,, \tag{4.30}$$

die für $v_y(t_i) = 0$ auf die bekannte Gleichung (2.2) führt. Dies ist aber im Verlauf der Propagation nicht mehr erfüllt, da die Quergeschwindigkeit v_y während des Lenkens gerade nicht null ist und somit maßgeblichen Einfluss auf die Bewegung und die minimal und maximal erreichbaren lateralen Positionen hat.

Es gibt offensichtlich stets zwei Möglichkeiten, nämlich links oder rechts an einem Hindernis vorbeizufahren. Folglich existieren bei n Hindernissen maximal 2^n Pfade zwischen den Hindernissen hindurch. Somit ist für die weitere laterale Planung der Trajektorie entscheidend, welchen maximalen und minimalen Querversatz das Fahrzeug einerseits bis zum nächsten Hindernis erreichen kann und welche Pfade andererseits dadurch von vornherein entfallen. Das Bild 4.23 verdeutlicht die Bewegung des Fahrzeugs aus der initialen Startposition heraus an vier Hindernissen vorbei, wobei

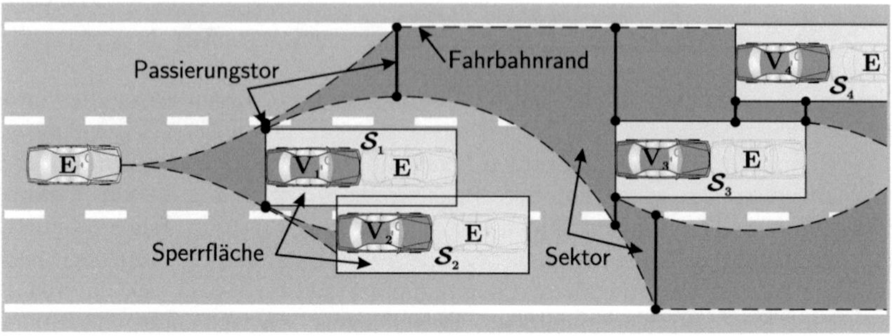

Bild 4.23: Befahrbare Sektoren bei Anwesenheit von Hindernissen

eine Begrenzung durch die Fahrbahnränder und die zuvor eingeführten Sperrflächen erfolgt. Zur besseren Verdeutlichung werden stehende Hindernisse angenommen, da in diesem Fall die Sperrflächen auf den Fahrzeugpositionen liegen. Es ergibt sich ein Sektor vor dem Fahrzeug, der erreicht und befahren werden kann, der im Bild dunkelgrau markiert ist. Taucht nun innerhalb dieses Sektors ein erstes Hindernis V_1 auf, so wird der befahrbare, kollisionsfreie Bereich durch dessen Sperrfläche $\mathcal{S}_1$ begrenzt und die weitere Bewegung darf nur noch aus dem oberen und dem unteren verbliebenen, kollisionsfreien Teil heraus bis zum nächsten Hindernis weiter propagiert werden. Während der untere bereits beim Hindernis V_2 durch dessen Sperrfläche $\mathcal{S}_2$ vernichtet wird, führt der obere Bereich bis zum Ende auf eine Sequenz von Sektoren, durch die die zu wählende Trajektorie führen muss, damit es zu keiner Kollision kommt. Ähnlich wie beim Propagationsverfahren ist auch hier bisher noch keine Trajektorie explizit berechnet, sondern die Gesamtheit aller möglichen Trajektorien betrachtet worden, d. h. es ist lediglich geprüft worden, ob überhaupt mindestens eine kollisionsfreie Trajektorie für dieses Szenario existiert.

Um von jedem (begrenzten) Sektor wiederum den nachfolgend erreichbaren Sektor zu bestimmen, wird neben der Position y auch die laterale Geschwindigkeit v_y benötigt. Auf ein starkes Ausweichen in eine Richtung kann erst nach Kompensation von v_y eine Bewegung in die entgegengesetzte Richtung folgen. Dazu müssten aber theoretisch alle Trajektorien, die in diesen Sektor führen, betrachtet werden, um anhand der bekannten lateralen Geschwindigkeit die realisierbare Gegenbewegung berechnen zu können. Dies ist aber aufgrund der Mannigfaltigkeit nahezu unmöglich, insbesondere bei mehrfacher Begrenzung durch weitere Sperrflächen. Es ist jedoch möglich, wie im Folgenden gezeigt wird, zu jeder lateralen Position y ein Geschwindigkeitsintervall $v_{y\mathrm{Min}} \leq v_y \leq v_{y\mathrm{Max}}$ zu berechnen, das in diesem Punkt erreicht werden kann. Dazu geht man zum Zeitpunkt t_0 von einem Startpunkt $({}^1v_{0y}, {}^1y_0)$ aus. Der tiefgestellte Index kennzeichnet den Propagationsschritt bzw. den Zeitpunkt, in diesem Fall t_0, der hochgestellte Index nummeriert die betrachteten Punkte in diesem Zeitpunkt. Bei einem Beschleunigungsvermögen a_y im Intervall $a_y \in [a_{y\mathrm{Min}}, a_{y\mathrm{Max}}]$ kann das Fahrzeug nach einem Zeitschritt Δt_P nur Geschwindigkeiten innerhalb der Grenzen

$$v_{1y\mathrm{Max}} = {}^1v_{0y} + a_{y\mathrm{Max}}\,\Delta t_P \tag{4.31}$$
$$v_{1y\mathrm{Min}} = {}^1v_{0y} + a_{y\mathrm{Min}}\,\Delta t_P \tag{4.32}$$

annehmen. Gleichzeitig kann sich das Fahrzeug nach diesem Propagationsschritt nur innerhalb des Intervalls

$$y_{1\mathrm{Max}} = {}^1y_0 + {}^1v_{0y}\,\Delta t_P + \frac{1}{2}a_{y\mathrm{Max}}\,\Delta t_P^2 \tag{4.33}$$
$$y_{1\mathrm{Min}} = {}^1y_0 + {}^1v_{0y}\,\Delta t_P + \frac{1}{2}a_{y\mathrm{Min}}\,\Delta t_P^2 \tag{4.34}$$

aufhalten. Die Gesamtheit der möglichen Geschwindigkeits-Positions-Paare $({}^jv_{i\,y}, {}^jy_i)$ zum Zeitpunkt t_i soll im Folgenden als *kinematische Konfiguration* $\mathcal{K}_i$ bezeichnet werden. Die kinematische Konfiguration $\mathcal{K}_i$ lässt sich somit durch den Rand der konvexen Hülle über sämtliche Paare j definieren:

$$\mathcal{K}_i : \quad \partial\mathcal{K}_i = \mathrm{convh}\Big\{\bigcup_{j=1}^{n}({}^jv_{i\,y}, {}^jy_i)\Big\}. \tag{4.35}$$

Das Bild 4.24 stellt eine Sequenz von fünf Propagationsschritten dar. Unter der Voraussetzung einer Beschleunigung $a_y \in [a_{y\mathrm{Min}}, a_{y\mathrm{Max}}]$ kann das Fahrzeug aus der initialen kinematischen Konfiguration $\mathcal{K}_0 = ({}^1v_{0y}, {}^1y_0)$ nach einem Zeitschritt Δt_P nur Konfigurationen auf der linearen Verbindung zwischen den Grenzen $({}^1v_{1y}, {}^1y_1)$ und $({}^2v_{1y}, {}^2y_1)$ erreichen. Während des Propagationsschritts wird die Beschleunigung als konstant betrachtet, kann jedoch beim Wechsel zum zweiten Schritt verändert werden, d. h. anstatt der eindeutigen kinematischen Konfiguration $({}^1v_{0y}, {}^1y_0)$ im ersten Propagationsschritt müssen nun im zweiten sämtliche Geschwindigkeits-Positions-Paare auf der Verbindungslinie zwischen den Grenzpunkten $({}^1v_{1y}, {}^1y_1)$ und $({}^2v_{1y}, {}^2y_1)$ betrachtet werden. Wiederholt man dazu die beschriebene Propagation für jeden einzelnen Punkt auf dieser Verbindungslinie, so ergeben sich parallele Geraden, die in Summe die Konfiguration $\mathcal{K}_2$ in Form des grau hinterlegten Trapezes für den zweiten Zeitschritt bilden. Die zwei Geraden, die aus den beiden Randpunkten $({}^1v_{1y}, {}^1y_1)$ und $({}^2v_{1y}, {}^2y_1)$ folgen, begrenzen dieses Trapez. Interessanterweise setzen sich diese parallelen Geraden für sämtliche weiteren Propagationsschritte fort, d. h. die kinematischen Konfigurationen in jedem Propagationsschritt ergeben sich stets aus diesen Geraden, die parallel ausgerichtet und entsprechend der Ausgangspositionen zueinander verschoben sind. Zur Verdeutlichung kennzeichnet die gestrichelte Linie in der Mitte die kinematische Konfiguration, die aus der Propagation des mittleren Punkts von $\mathcal{K}_1$ realisierbar ist. Anschaulich hat sich dazu das Fahrzeug im ersten Propagationsschritt

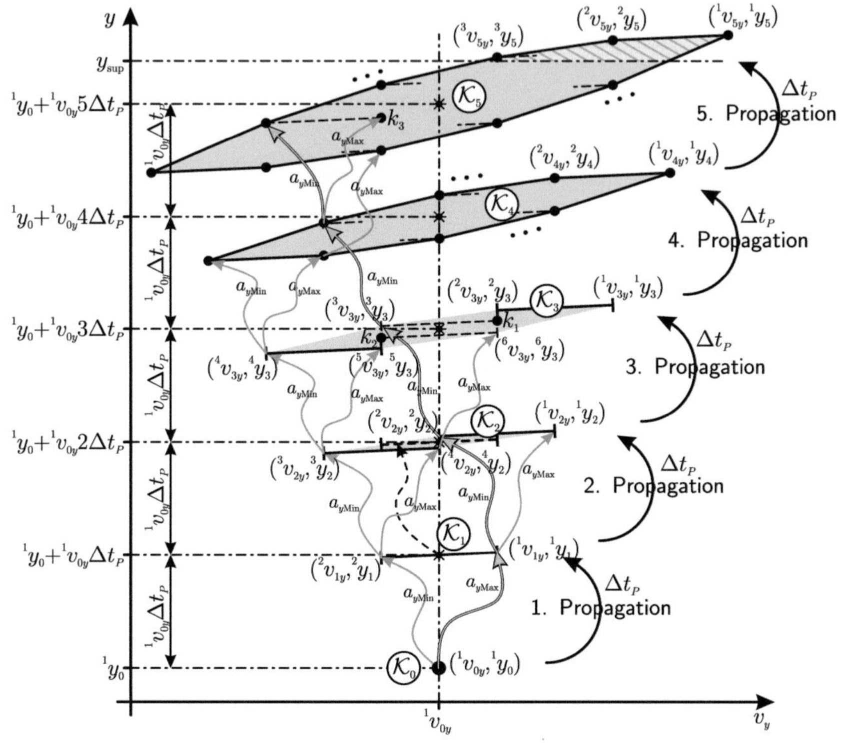

Bild 4.24: Propagation der kinematischen Konfigurationen $\mathcal{K}_i$

gleichförmig vom Punkt $({}^1v_{0y}, {}^1y_0)$ zu $({}^1v_{0y}, {}^1y_0 + {}^1v_{0y}\Delta t_P)$ bewegt und erst im zweiten Schritt zu beschleunigen begonnen. Folglich können nicht mehr die Maximalwerte in Geschwindigkeit und Position erreicht werden, die durch die beiden äußersten Spitzen des Trapezes gekennzeichnet sind, sondern nur noch die Geschwindigkeits-Positions-Paare auf der gestrichelten Linie im mittleren Bereich. Die vier Ecken des Trapezes von $\mathcal{K}_2$ berechnen sich wie folgt:

$$ {}^1v_{2y} = {}^1v_{1y} + a_{y\text{Max}}\,\Delta t_P \tag{4.36} $$

$$ {}^1y_2 = {}^1y_1 + {}^1v_{1y}\,\Delta t_P + \frac{1}{2}a_{y\text{Max}}\,\Delta t_P^2 \tag{4.37} $$

$$ {}^2v_{2y} = {}^1v_{1y} + a_{y\text{Min}}\,\Delta t_P \tag{4.38} $$

$$ {}^2y_2 = {}^1y_1 + {}^1v_{1y}\,\Delta t_P + \frac{1}{2}a_{y\text{Min}}\,\Delta t_P^2 \tag{4.39} $$

$$ {}^3v_{2y} = {}^2v_{1y} + a_{y\text{Min}}\,\Delta t_P \tag{4.40} $$

$$^{3}y_2 = {}^{2}y_1 + {}^{2}v_{1y}\,\Delta t_P + \frac{1}{2}a_{y\text{Min}}\,\Delta t_P^2 \tag{4.41}$$
$$^{4}v_{2y} = {}^{2}v_{1y} + a_{y\text{Max}}\,\Delta t_P \tag{4.42}$$
$$^{4}y_2 = {}^{2}y_1 + {}^{2}v_{1y}\,\Delta t_P + \frac{1}{2}a_{y\text{Max}}\,\Delta t_P^2\,. \tag{4.43}$$

Im dritten Propagationsschritt verformt sich $\mathcal{K}_3$ zu einem zigarrenförmigen Polygon, indem aus den beiden mittleren Eckpunkten $({}^{2}v_{2y}, {}^{2}y_2)$ und $({}^{4}v_{2y}, {}^{4}y_2)$ von $\mathcal{K}_2$ zwei Geraden werden, die mit jeweils einem Ende auf dem Rand und mit dem anderen innerhalb des Polygons liegen, sodass nur der jeweils äußere Punkt einen Beitrag zur Kontur liefert. Die beiden im Inneren liegenden Punkte

$$k_1 = \left({}^{2}v_{2y} + a_{y\text{Max}}\,\Delta t_P \quad , \quad {}^{2}y_2 + {}^{2}v_{2y}\,\Delta t + \frac{1}{2}a_{y\text{Max}}\,\Delta t_P^2\right) \tag{4.44}$$

$$k_2 = \left({}^{4}v_{2y} + a_{y\text{Min}}\,\Delta t_P \quad , \quad {}^{4}y_2 + {}^{4}v_{2y}\,\Delta t + \frac{1}{2}a_{y\text{Min}}\,\Delta t_P^2\right) \tag{4.45}$$

ergeben sich durch einen erneuten Wechsel der Beschleunigungsrichtung im Propagationsschritt und können von daher nicht mehr den Rand der kinematischen Konfiguration $\mathcal{K}_3$ erreichen. Führt man diese Propagation nun weiter fort, so verfeinert sich die Kontur des Polygons zunehmend. Betrachtet man im Bild 4.24 den letzten Propagationsschritt, so lassen sich sofort aus dem Diagramm die Geschwindigkeitsintervalle ablesen, die das Fahrzeug an einer bestimmten Position y annehmen kann. Kommt es nun zu einer Begrenzung der Position durch eine Sperrfläche $\mathcal{S} : y \geq y_{\text{sup}}$, so können anhand dieser Darstellung sofort die maximale und minimale Geschwindigkeit in diesem Punkt ermittelt werden, die für die weitere Propagation benötigt werden.

Die Propagation geschah bisher diskret in zeitäquidistanten Abständen von Δt_P, sodass eine Änderung der Beschleunigung und der Bewegungsrichtung nur zwischen den Propagationsschritten erfolgen kann. Je feiner die zeitliche Auflösung gewählt wird, desto genauer können die kinematischen Konfigurationen beschrieben werden und desto feiner ist die Kontur des sich ergebenden Polygons. Allerdings steigt damit auch der Rechenaufwand erheblich an. Daher ist im Folgenden eine analytische Beschreibung der Kontur gesucht.

Die rechte und die linke Spitze der kinematischen Kontur können nur durch eine während aller Schritte konstante, maximale bzw. minimale Beschleunigung erreicht werden. Wird einmalig zwischen einem der Propagationsschritte von maximal auf minimal oder vice versa gewechselt, so bewegt man sich auf dem Rand der Kontur zwischen den Spitzen. Als Beispiel ist im Bild 4.24 die Beschleunigungsabfolge

$$({}^{1}v_{0y}, {}^{1}y_0)\underbrace{\rightarrow a_{y\text{Max}} \rightarrow}_{\text{1. Propagation}}({}^{1}v_{1y}, {}^{1}y_1)\underbrace{\rightarrow a_{y\text{Min}} \rightarrow}_{\text{2. Propagation}}({}^{2}v_{2y}, {}^{2}y_2)\underbrace{\rightarrow a_{y\text{Min}} \rightarrow}_{\text{3. Propagation}}({}^{3}v_{3y}, {}^{3}y_3)\underbrace{\rightarrow a_{y\text{Min}} \rightarrow}_{\text{4. Propagation}}\cdots$$

dargestellt. Vom Startpunkt $({}^{1}v_{0y}, {}^{1}y_0)$ bewegt sich dabei das Positions-Geschwindigkeits-Paar aus auf die rechte Spitze $({}^{1}v_{1y}, {}^{1}y_1)$ der propagierten Konfiguration $\mathcal{K}_1$.

Im nächsten Schritt wechselt die Beschleunigung auf $a_{y\text{Min}}$, sodass dieser Punkt der kinematischen Konfiguration in der weiteren Propagation nicht mehr nach rechts, sondern nach links wandert und die Kontur des Bogens nach oben hin ausbildet. Würde die Beschleunigung nun ein weiteres Mal geändert werden, so läge das resultierende Geschwindigkeits-Positions-Paar auf dem Punkt k_1 bzw. auf der Geraden zu diesem Punkt. Anschaulicher wird dies Verhalten bei einem noch späteren Wechsel. Wird beispielsweise erst im fünften Propagationsschritt die Beschleunigung wieder auf $a_{y\text{Max}}$ geändert, kann der Punkt k_3 nur noch innerhalb der kinematischen Konfiguration $\mathcal{K}_5$ liegen, vgl. Bild 4.24. Dieser kann nun nicht mehr den gegenüberliegenden Rand erreichen, der ebenfalls nur durch einen einmaligen Beschleunigungswechsel während der gesamten Propagation beschrieben wird und offensichtlich zu weit entfernt ist.

Zur analytischen Beschreibung des Rands der kinematischen Konfiguration wird nun die Tatsache zugrunde gelegt, dass die Beschleunigung nur einmal während der gesamten Propagation von maximal auf minimal für den oberen Randbogen bzw. von minimal auf maximal für den unteren Randbogen geändert werden darf. Legt man der gesamten Propagation den Zeithorizont T zugrunde, so erfolgt diese einmalige Änderung zum Zeitpunkt t:

$$\gamma \in [0,1]: \quad t = \gamma T \,. \tag{4.46}$$

Die maximale und die minimale Beschleunigung sind für gewöhnlich betragsmäßig gleich:

$$a_{y\text{Max}} = a_0 \tag{4.47}$$
$$a_{y\text{Min}} = -a_0 \quad , \tag{4.48}$$

sodass sich die gesamte Konfiguration während der Propagation analytisch formulieren lässt. Für den oberen Bogen wird zunächst bis zum Richtungswechsel bei γT maximal beschleunigt. Dieser Wechselpunkt wird zur besseren Abgrenzung und Unterscheidbarkeit durch den hochgestellten Index vor dem Parametersymbol angezeigt. Die Gleichungen für Position und Geschwindigkeit lauten dann:

$$^{\gamma T}y = {}^{1}y_0 + {}^{1}v_{0y}\,\gamma T + \frac{1}{2}a_0\,(\gamma T)^2 \tag{4.49}$$
$$^{\gamma T}v_y = {}^{1}v_{0y} + a_0\,\gamma T \,. \tag{4.50}$$

Geht man von einer nicht ruckbegrenzten Änderung der Beschleunigung aus, so wird zum Zeitpunkt γT unmittelbar auf minimale Beschleunigung $-a_0$ gewechselt und diese für die Zeitdauer $(1-\gamma)T$ beibehalten. Die Gleichungen ergeben sich analog zu:

$$^{T}y = {}^{\gamma T}y + {}^{\gamma T}v_y\,(1-\gamma)\,T - \frac{1}{2}a_0\big((1-\gamma)\,T\big)^2 \tag{4.51}$$
$$^{T}v_y = {}^{\gamma T}v_y - a_0\,(1-\gamma)\,T \,. \tag{4.52}$$

Setzt man die beiden Gleichungen (4.49) und (4.50) des ersten Teils in (4.51) und (4.52) des zweiten ein, so ergibt sich nach kurzer Vereinfachung:

$$
\begin{aligned}
{}^{T}y &= {}^{1}y_0 + {}^{1}v_{0y}T - a_0 T^2\left(\frac{1}{2} - 2\gamma + \gamma^2\right) \qquad (4.53)\\
{}^{T}v_y &= {}^{1}v_{0y} - a_0(1-2\gamma)\,T \quad . \qquad (4.54)
\end{aligned}
$$

Zur Kontrolle sei darauf aufmerksam gemacht, dass sich für $\gamma = 0$ und $\gamma = 1$ die Gleichungen ohne den angenommenen Richtungswechsel ergeben und auf die untere linke Spitze der Konfiguration ($\gamma = 0 \Rightarrow a_y = -a_0$) bzw. die obere rechte ($\gamma = 1 \Rightarrow a_y = a_0$) führen. Betrachtet man den Wechselpunkt γ nun als formalen Funktionsparameter, so lässt sich mit seiner Variation zwischen $0 \leq \gamma \leq 1$ der obere Bogen des Polygons der kinematischen Konfiguration anhand der Gleichungen (4.53) und (4.54) analytisch beschreiben. Die Gleichungen für den unteren Bogen erfolgen analog durch Umkehr der Beschleunigungsrichtung:

$$
\begin{aligned}
{}^{T}y &= {}^{1}y_0 + {}^{1}v_{0y}T + a_0 T^2\left(\frac{1}{2} - 2\gamma + \gamma^2\right) \qquad (4.55)\\
{}^{T}v_y &= {}^{1}v_{0y} + a_0(1-2\gamma)\,T \quad . \qquad (4.56)
\end{aligned}
$$

Der wesentliche Vorteil der analytischen Darstellung ist nun, dass die einzelnen Propagationsschritte nicht mehr benötigt werden, sondern die realisierbaren kinematischen Konfigurationen für die interessierenden Zeitpunkte ad-hoc berechnet werden können. Somit muss die gesamte Propagation nicht mehr in kurzen, äquidistanten Zeitabständen Δt_P erfolgen. Sie kann stattdessen ausschließlich auf die wenigen, interessierenden Kontaktpunkte, die durch die longitudinale Propagation zuvor identifiziert worden sind, reduziert werden.

4.2.3 Laterale Propagation unter Berücksichtigung von Hindernissen

Die zuvor beschriebene laterale Propagation wird nun um die Berücksichtigung von Hindernissen erweitert. Dazu wird die im Bild 4.24 bereits angedeutete Begrenzung der kinematischen Konfiguration $\mathcal{K}_5$ durch y_{sup} im fünften Propagationsschritts nochmal im Bild 4.25 aufgegriffen. Dargestellt ist ein Fahrzeug, das bis zum Propagationshorizont T einen definierten lateralen Bereich ${}^{T}y_{\text{Min}} \leq y \leq {}^{T}y_{\text{Max}}$ erreichen kann. Anhand der Gleichungen (4.53) bis (4.56) sind die maximale und minimale laterale Geschwindigkeit für jede Position in diesem Bereich bekannt. Wird dieser nun durch eine Sperrfläche $\mathcal{S}$ eines Hindernisses V in der lateralen Ausdehnung $y \geq {}^{T}y_{\text{sup}}$ begrenzt, wie es beispielhaft im Bild durch den gestreiften Bereich gekennzeichnet ist, so kann anhand der maximalen Geschwindigkeit ${}^{T}v_{y\,\text{sup}}$, die an dieser Begrenzung überhaupt möglich ist, die weitere Ausdehnung in positiver y-Richtung nach dem

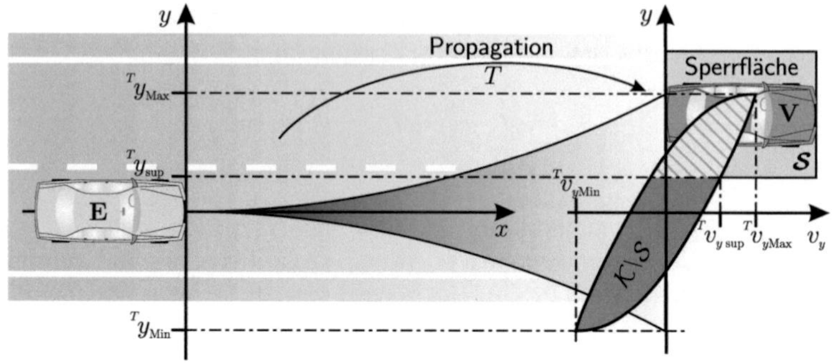

Bild 4.25: Kinematische Konfiguration unter Berücksichtigung einer Hindernissperrfläche

Passieren des Hindernisses berechnet werden. Mit den Indizes „Max" und „Min" werden die beiden äußersten Randpunkte in der kinematischen Konfiguration **vor** dem Vergleich mit einer Sperrfläche markiert. Die Indizes „sup" und „inf" kennzeichnen hingegen die äußeren Randpunkte **nach** der Beschneidung durch eine Sperrfläche.

Die laterale Propagation bezieht sich bisher stets auf den Ausgangspunkt $({}^1v_{0y}, {}^1y_0)$. Die weitere Propagation nach der Begrenzung durch eine Sperrfläche ist in der bisherigen Formulierung nicht möglich. Daher sollen im Folgenden die Gleichungen (4.53), (4.56) iterativ beschrieben werden, sodass die Propagation der kinematischen Konfiguration $\mathcal{K}_i$ nicht mehr vom Ausgangspunkt $\mathcal{K}_0$ aus erfolgt, sondern auf der vorherigen Konfiguration $\mathcal{K}_{i-1}$ basiert. Betrachtet man dazu für $\gamma = 0$ und $\gamma = 1$ die beiden Randwerte des oberen Bogens

$$\gamma = 0: \quad {}^Ty_{\text{Min}} = {}^1y_0 + {}^1v_{0y}T - \frac{1}{2}a_0\,T^2 \tag{4.57}$$
$$ {}^Tv_{y\text{Min}} = {}^1v_{0y} - a_0\,T \tag{4.58}$$
$$\gamma = 1: \quad {}^Ty_{\text{Max}} = {}^1y_0 + {}^1v_{0y}T + \frac{1}{2}a_0\,T^2 \tag{4.59}$$
$$ {}^Tv_{y\text{Max}} = {}^1v_{0y} + a_0\,T \tag{4.60}$$

und subtrahiert ${}^Ty_{\text{Max}}$, ${}^Ty_{\text{Min}}$ und ${}^Tv_{y\text{Max}}$, ${}^Tv_{y\text{Min}}$ jeweils voneinander:

$$ {}^Ty_{\text{Max}} - {}^Ty_{\text{Min}} = a_0\,T^2 \tag{4.61}$$
$$ {}^Tv_{y\text{Max}} - {}^Tv_{y\text{Min}} = 2a_0\,T \quad , \tag{4.62}$$

so lassen sich die Ausgangsgleichungen in eine allgemeine Darstellung unabhängig von der Propagationsschrittweite T überführen. Für den oberen Bogen werden dazu die einzelnen Terme in den Gleichungen (4.53) und (4.54) in Abhängigkeit von γ sortiert:

$$
\begin{aligned}
{}^{T}y &= \underbrace{{}^{1}y_0 + {}^{1}v_{0y}T - \frac{1}{2}a_0\,T^2}_{{}^{T}y_{\mathrm{Min}}} + \gamma(2-\gamma)\underbrace{a_0\,T^2}_{{}^{T}y_{\mathrm{Max}}-{}^{T}y_{\mathrm{Min}}} && (4.63)\\
{}^{T}v_y &= \underbrace{{}^{1}v_{0y} - a_0\,T}_{{}^{T}v_{y\mathrm{Min}}} + \gamma\underbrace{2a_0\,T}_{{}^{T}v_{y\mathrm{Max}}-{}^{T}v_{y\mathrm{Min}}} \; . && (4.64)
\end{aligned}
$$

Man erhält schlussendlich:

$$
\begin{aligned}
{}^{T}y(\gamma) &= {}^{T}y_{\mathrm{Min}}\,(1-\gamma)^2 + {}^{T}y_{\mathrm{Max}}\,(2-\gamma)\gamma && (4.65)\\
{}^{T}v_y(\gamma) &= {}^{T}v_{y\mathrm{Min}}\,(1-\gamma) + {}^{T}v_{y\mathrm{Max}}\,\gamma \; . && (4.66)
\end{aligned}
$$

Für den unteren Bogen folgt bei analoger Substitution aus den Gleichungen (4.55) und (4.56):

$$
\begin{aligned}
{}^{T}y(\gamma) &= {}^{T}y_{\mathrm{Max}}\,(1-\gamma)^2 + {}^{T}y_{\mathrm{Min}}\,(2-\gamma)\gamma && (4.67)\\
{}^{T}v_y(\gamma) &= {}^{T}v_{y\mathrm{Max}}\,(1-\gamma) + {}^{T}v_{y\mathrm{Min}}\,\gamma \; . && (4.68)
\end{aligned}
$$

Somit ergibt sich eine ausschließlich von den Randpunkten abhängige Beschreibung. Im Fall einer Beschneidung durch eine Sperrfläche können nun für den folgenden Propagationsschritt die maximal erreichbaren Randpunkte mittels des Geschwindigkeitsintervalls, das anhand der beschnittenen kinematischen Konfiguration bekannt ist, sofort berechnet und durch den oberen und unteren Bogen nach Gleichungen (4.65) bis (4.68) miteinander verbunden werden. Das Bild 4.26 verdeutlicht diese Vorgehensweise grafisch. Die Punkte $(v_{1y\,\mathrm{sup}}, y_{1\,\mathrm{sup}})$, $({}^{1}v_{1y}, {}^{1}y_1)$ beschneiden die kinematische Konfiguration $\mathcal{K}_1$ nach oben und die Punkte $(v_{1y\,\mathrm{inf}}, y_{1\mathrm{inf}})$, $({}^{2}v_{1y}, {}^{2}y_1)$ nach unten. Für die Propagation der neuen Konfiguration $\mathcal{K}_2$ zum Zeitpunkt t_2 werden jedoch nur die beiden äußersten Punkte $(v_{1y\,\mathrm{sup}}, y_{1\,\mathrm{sup}})$ und $(v_{1y\,\mathrm{inf}}, y_{1\,\mathrm{inf}})$ benötigt, die für eine Propagationsschrittweite von $T_2 = t_2 - t_1$ auf die neuen Randpunkte

$$
\begin{aligned}
y_{2\mathrm{Max}} &= y_{1\,\mathrm{sup}} + v_{1y\,\mathrm{sup}}\,T_2 + \frac{1}{2}a_0\,T_2^2 && (4.69)\\
v_{2y\mathrm{Max}} &= v_{1y\,\mathrm{sup}} + a_0\,T_2 && (4.70)\\
y_{2\mathrm{Min}} &= y_{1\,\mathrm{inf}} + v_{1y\,\mathrm{inf}}\,T_2 - \frac{1}{2}a_0\,T_2^2 && (4.71)\\
v_{2y\mathrm{Min}} &= v_{1y\,\mathrm{inf}} - a_0\,T_2 && (4.72)
\end{aligned}
$$

führen. Die noch einzufügende Verbindung zwischen diesen Punkten mittels oberem und unterem Bogen nach Gleichung (4.65), (4.66) bzw. (4.67), (4.68) führt auf die aus $\mathcal{K}_1 \setminus (\mathcal{S}_1 \cup \mathcal{S}_2)$ propagierte kinematische Konfiguration $\mathcal{K}_2$.

Der abstrakte Formalismus der vorgestellten lateralen Propagation soll im Folgenden anhand des Bilds 4.27 durch eine Sequenz von vier Propagationsschritten verdeutlicht

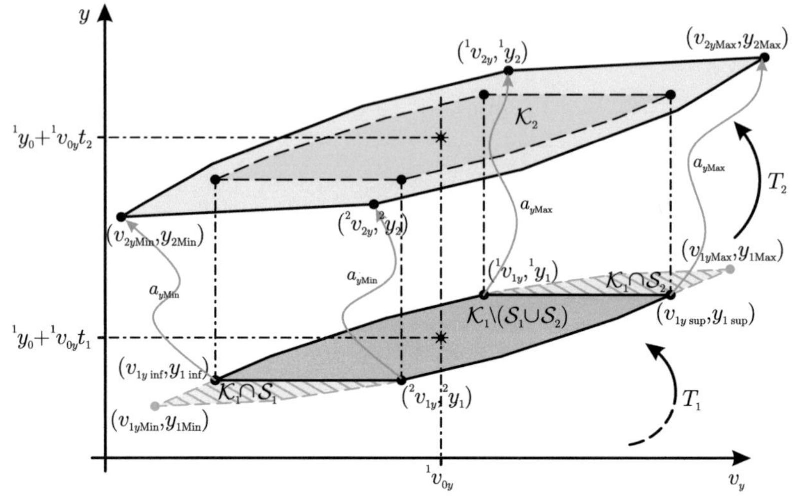

Bild 4.26: Propagation der beschnittenen kinematischen Konfiguration unter Berücksichtigung eines Hindernisses

werden. Gegenüber der bisherigen Darstellung sind die Abszissen- und Ordinatenachse getauscht worden, um die Sequenz übereinander geschichtet besser darstellen zu können. Im ersten Propagationsschritt zum Zeitpunkt t_1 muss zunächst die Konfiguration $\mathcal{K}_1$ mit den minimal und maximal erreichbaren lateralen Positionen $(y_{1\mathrm{Min}}, y_{1\mathrm{Max}})$ berechnet werden. Anschließend wird diese mit der Sperrfläche $\mathcal{S}_1$ verglichen und der sich überdeckende, schraffiert gekennzeichnete Teil $\mathcal{K}_1 \cap \mathcal{S}_1$ heraus getrennt, sodass nur noch der flächig grau eingefärbte Bereich $\mathcal{K}_1 \backslash \mathcal{S}_1$ übrig bleibt und durch die Randpunkte $(v_{1y\,\mathrm{inf}}, y_{1\,\mathrm{inf}})$ und $(v_{1y\,\mathrm{sup}}, y_{1\,\mathrm{sup}})$ begrenzt wird. Der Punkt $(v_{1y\,\mathrm{sup}}, y_{1\,\mathrm{sup}})$ auf der unbeschnittenen Seite ist identisch mit $(v_{1y\mathrm{Max}}, y_{1\mathrm{Max}})$. Die beiden Randpunkte werden nun wiederum bis zum nächsten Kontaktzeitpunkt t_2 mit dem nächsten Hindernis propagiert und mit dessen zugehöriger Sperrfläche $\mathcal{S}_2$ verglichen. Mit dem verbleibenden Teil wird diese Vorgehensweise sukzessive bis zum letzten Kontaktpunkt wiederholt, sodass am Ende eine Konfigurationssequenz $\{\mathcal{K}_1 \backslash \mathcal{S}_1, \ldots, \mathcal{K}_4 \backslash \mathcal{S}_4\}$ vorliegt.

Betrachtet man in den einzelnen beschnittenen Konfigurationen $\mathcal{K}_i \backslash \mathcal{S}_i$ nur die kollisionsfreien Positionen im Intervall $[y_{i\,\mathrm{inf}}, y_{i\,\mathrm{sup}}]$ unabhängig von den zugehörigen Geschwindigkeiten, so lassen sich diese als eine Art *Passierungstor* interpretieren, die vom Egofahrzeug erreichbar sind und gefahrlos durchfahren werden können. Diese Passierungstore sind auf der y-Achse liegend eingezeichnet und durch einen hellgrau hinterlegten Fahrschlauch miteinander verbunden. Die Abstände in Längsrichtung

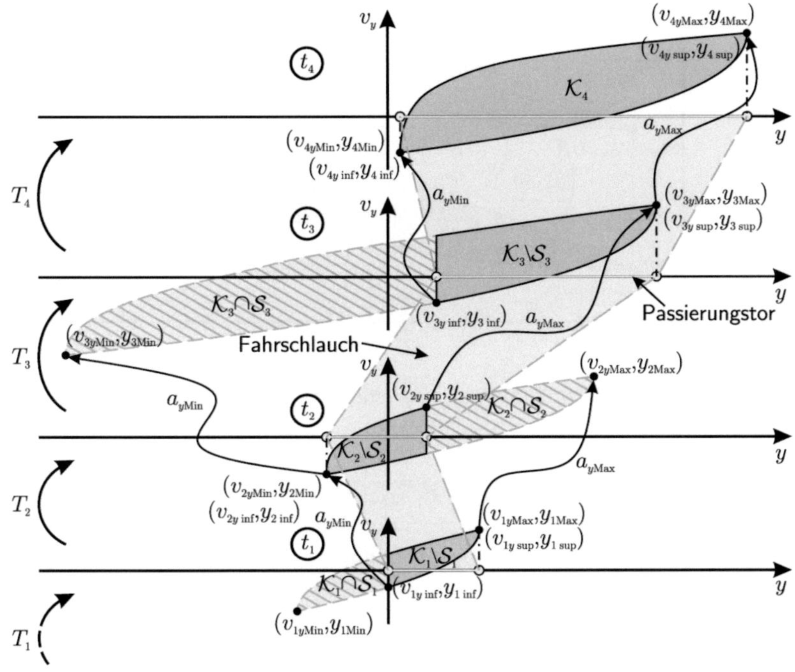

Bild 4.27: Propagationssequenz der lateralen Position in Abhängigkeit der lateralen Geschwindigkeit

zwischen diesen Toren sind in dieser Darstellung nicht enthalten, können aber durch die Schrittweiten T_i eindeutig bestimmt werden. Prinzipiell ist es natürlich auch möglich, dass eine kinematische Konfiguration durch eine Sperrfläche in mehr als eine zerfällt, die im Anschluss getrennt voneinander propagiert werden müssen und sich dadurch mehrere Pfade zwischen den Hindernissen hindurch ergeben.

4.2.4 Fehlerbetrachtung der lateralen Propagation

Bei der Propagation der beschnittenen kinematischen Konfiguration entsteht ein Fehler, der im Folgenden betrachtet werden soll. Während im unbeschnittenen Fall die kinematische Konfiguration in den beiden äußeren Randwerten $(v_{y\text{Min}}, y_{\text{Min}})$, $(v_{y\text{Max}}, y_{\text{Max}})$ spitz zuläuft, ist dies im beschnittenen Fall nicht mehr gegeben und somit muss sich zwangsläufig auch die Form der daraus propagierten kinematischen Konfiguration ändern. Im Bild 4.28 ist die ungünstigste Konstellation für diesen Fehler dargestellt,

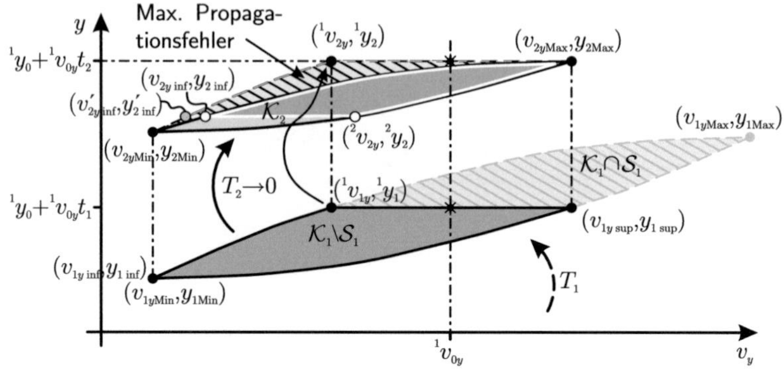

Bild 4.28: Maximal möglicher Propagationsfehler

indem die kinematische Konfiguration $\mathcal{K}_1$ an der breitesten Stelle beschnitten und die nächste Propagationsschrittweite T_2 gegen null gehend gewählt wird. Für die nachfolgende kinematische Konfiguration $\mathcal{K}_2$ gilt dann:

$$\lim_{T_2 \to 0} \mathcal{K}_2 = \mathcal{K}_1 \backslash \mathcal{S}_1 \ . \tag{4.73}$$

In diesem Fall müssen die Randwerte ebenfalls unverändert bleiben:

$$\left(v_{1y\,\mathrm{sup}}, y_{1\,\mathrm{sup}}\right) \overset{T_2 \to 0}{\longrightarrow} \left(v_{2y\mathrm{Max}}, y_{2\mathrm{Max}}\right) \quad \wedge \quad \left(v_{1y\,\mathrm{inf}}, y_{1\,\mathrm{inf}}\right) \overset{T_2 \to 0}{\longrightarrow} \left(v_{2y\mathrm{Min}}, y_{2\mathrm{Min}}\right) \ .$$

Der Randwert $({}^1v_{2y}, {}^1y_2)$ ist aber nicht mehr Teil der oberen Bogenlinie von $\mathcal{K}_2$, obwohl der Punkt in der Konfiguration enthalten sein müsste. Für $T_2 \to 0$ wird der Fehler zwischen der propagierten kinematischen Konfiguration $\mathcal{K}_2$ und der tatsächlichen Konfiguration $\mathcal{K}_1 \backslash \mathcal{S}_1$ somit maximal. Dies ist zwar auf den ersten Blick unbefriedigend, tatsächlich aber unkritisch:

1. Die weitere Propagation der kinematischen Konfiguration ist eine Unterabschätzung und somit in der wahren kinematischen Konfiguration vollständig enthalten. Jede Propagationssequenz ist folglich auch realisierbar, also fahrbar.

2. Die beiden Randwerte $(v_{2y\mathrm{Max}}, y_{2\mathrm{Max}})$ und $(v_{2y\mathrm{Min}}, y_{2\mathrm{Min}})$ werden trotz der Unterabschätzung im nächsten Propagationsschritt erreicht.

3. Die Unterabschätzung bezieht sich ausschließlich auf das Egofahrzeug. Die Annahmen für die Hindernisbewegungen bleiben davon unberührt.

Lediglich bei einer weiteren Begrenzung geht ein gewisses Propagationspotenzial verloren. Wird die Konfiguration $\mathcal{K}_2$ ebenfalls beschnitten, wie es im Bild 4.28 durch die weiß umrandete Kontur angedeutet ist, so würde sich der neue untere Randpunkt $(v_{2y\,\mathrm{inf}}, y_{2\,\mathrm{inf}})$ ergeben. Die Propagation dieses Punktes führt auf:

$$(v_{2y\,\mathrm{inf}}, y_{2\,\mathrm{inf}}) \underbrace{\rightarrow a_{y\mathrm{Min}} \rightarrow}_{\text{Propagation T}_3} (v_{3y\mathrm{Min}}, y_{3\mathrm{Min}})\,.$$

Während sich für die Propagation des korrekten Punkts $(v'_{2y\,\mathrm{inf}}, y'_{2\,\mathrm{inf}})$:

$$(v'_{2y\,\mathrm{inf}}, y'_{2\,\mathrm{inf}}) \underbrace{\rightarrow a_{y\mathrm{Min}} \rightarrow}_{\text{Propagation T}_3} (v'_{3y\mathrm{Min}}, y'_{3\mathrm{Min}})$$

ergibt. Wegen der Unterabschätzung $v_{2y\,\mathrm{inf}} > v'_{2y\,\mathrm{inf}}$ folgt zwangsläufig ein Fehler im nächsten Propagationsschritt:

$$y_{3\mathrm{Min}} > y'_{3\mathrm{Min}} \qquad \wedge \qquad v_{3y\mathrm{Min}} > v'_{3y\mathrm{Min}}\,.$$

Berücksichtigt man den durch die Beschneidung neu entstandenen Eckpunkt $({}^1v_{1y}, {}^1y_1)$ im weiteren Verlauf mit und erweitert die Propagation explizit um diesen Punkt zusätzlich zu den beiden Randpunkten, so lässt sich dieser Fehler vermeiden. Die kinematische Konfiguration wird dazu lediglich um diesen Punkt ergänzt und die bekannten Propagationsgleichungen (4.57), (4.58) bzw. (4.59), (4.60), je nachdem ob der Punkt auf dem oberen oder dem unteren Bogen liegt, zusätzlich auch auf diesen Punkt angewendet. In diesem Fall ist zwar die kompakte Darstellung der kinematischen Konfiguration ausschließlich durch die beiden Randpunkte $(v_{i\,y\mathrm{Min}}, y_{i\,\mathrm{Min}})$ und $(v_{i\,y\mathrm{Max}}, y_{i\,\mathrm{Max}})$ nicht mehr gegeben, die Mitführung des neuen Punkts und die Ergänzung im Fall weiterer Begrenzungen, sowie deren Propagation sind jedoch unkritisch. Die Verbindung von den zusätzlichen Punkten zu den beiden Randpunkten erfolgt dabei durch die bekannte Bogenlinie.

4.2.5 Zusammenführung der longitudinalen und der lateralen Propagation zur Berechnung der Trajektorie

Die Situationsanalyse erfolgte getrennt durch eine Aufspaltung in eine longitudinale und eine laterale Propagation, wobei noch keine explizite Trajektorie berechnet worden ist. Es konnte bisher lediglich festgestellt werden, ob unter den getroffenen Annahmen bezüglich der Bewegungsmöglichkeiten des Egofahrzeugs und der beteiligten Hindernisse mindestens eine kollisionsfreie Trajektorie zwischen den Hindernissen hindurch existiert oder ob stattdessen keine Ausweichmöglichkeit mehr besteht und eine Kollision unvermeidbar ist. Der entscheidende Vorteil dieses neuen Verfahrens gegenüber dem ersten ist zum einen die Variation der Propagationsschrittweiten T_i, sodass die Berechnung der zugehörigen kinematischen Konfiguration $\mathcal{K}_i$ stets nur beim Erreichen des nächsten Hindernisses und nicht in kurzen, äquidistanten Zeitabstän-

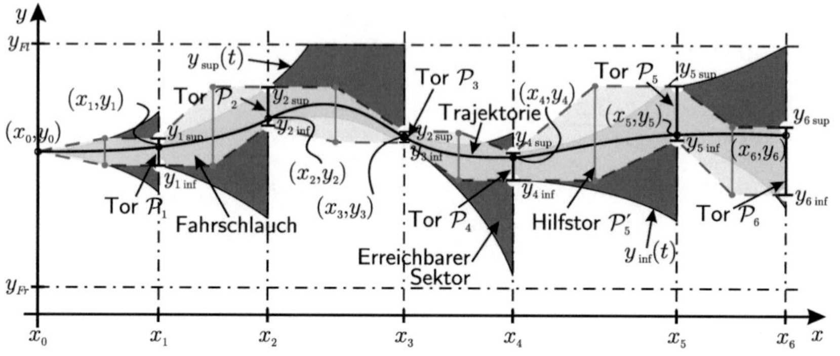

Bild 4.29: Fahrkorridor auf Basis der Passierungstore

den, vgl. Kapitel 4.1.2, erfolgen muss. Dadurch sind pro Hindernis für den ersten und für den letzten Kontaktpunkt mit der zugehörigen Hindernissperrfläche genau zwei Propagationsschritte nötig, ergo deutlich weniger im Vergleich zum ersten Verfahren bei gleichzeitig fahrphysikalisch realistischerer Propagation, insbesondere für spätere Propagationszeitpunkte. Somit ergibt sich zum anderen eine maßgebliche Reduktion des Rechenaufwands. Im letzten noch verbleibenden Schritt müssen nun die beiden Propagationen kombiniert, ein Pfad ausgewählt und eine Trajektorie explizit berechnet werden.

Stellt man die aus der lateralen Propagation ermittelten Passierungstore grafisch über den anhand der longitudinalen Propagation berechneten Längspositionen x_i, $0 \leq i \leq n$ dar, so ergibt sich eine Sequenz von Passierungstoren, wie es im Bild 4.29 skizziert ist. Das Passierungstor $\mathcal{P}_i$ wird durch das zugehörige Parametertupel $(x_i,\ y_{i\,\mathrm{inf}},\ y_{i\,\mathrm{sup}})$ definiert und beschreibt den Gültigkeitsbereich der Trajektorienstützstelle $(x_i,\ y_i)$ mit $y_{i\,\mathrm{inf}} \leq y_i \leq y_{i\,\mathrm{sup}}$ für eine wie im Bild dargestellte Trajektorie durch die Passierungstore. Die Grenzverläufe der dunkelgrau hinterlegten erreichbaren Sektoren lassen sich sofort aus den kinematischen Konfigurationen $\mathcal{K}_i$ berechnen:

$$t_{i-1} \leq t \leq t_i: \quad y_{\mathrm{sup}}(t) = y_{(i-1)\mathrm{sup}} + v_{(i-1)y\,\mathrm{sup}}\,(t - t_{i-1}) + \frac{1}{2}a_0\,(t - t_{i-1})^2 \tag{4.74}$$

$$y_{\mathrm{inf}}(t) = y_{(i-1)\mathrm{inf}} + v_{(i-1)y\,\mathrm{inf}}\,(t - t_{i-1}) - \frac{1}{2}a_0\,(t - t_{i-1})^2 \tag{4.75}$$

Aus der Sequenz der Passierungstore geht jedoch nicht mehr hervor, welche Orte im Passierungstor $\mathcal{P}_i$ von welchen Orten im Tor $\mathcal{P}_{i-1}$ erreicht werden können. Dies ist jedoch auch nicht nötig, wenn man die Trajektorie nicht anhand einfacher geometrischer Kriterien wie beispielsweise der kürzesten Verbindung zwischen Startpunkt $(x_0,\ y_0)$ und Zieltor $\mathcal{P}_n$ berechnet, sondern sie mittels der kinematischen Grundgleichungen (4.23) und (4.30) sukzessive von Tor zu Tor generiert. Aufgrund der nicht äquidistanten Abstände zwischen den Toren können diese Distanzen zum Teil sehr groß werden. In der nachfolgenden Berechnung der Trajektorie kann es passieren, dass diese zwischen den Toren in eine Sperrfläche führt oder kurz die Fahrbahn verlässt, obwohl alle Passierungstore durchlaufen werden. Aus diesem Grund hat es sich als vorteilhaft erwiesen, jeweils auf der Hälfte zwischen den Toren sogenannte Hilfstore $\mathcal{P}_i'$ zur besseren Führung einzufügen, die aus dem maximalen Wert für die obere Begrenzung $y_{(i-1)\sup}$, $y_{i\sup}$ und dem minimalen Wert für die untere Begrenzung $y_{(i-1)\inf}$, $y_{i\inf}$ der beiden umgebenden Passierungstore $\mathcal{P}_{i-1}$, $\mathcal{P}_i$ bestimmt werden:

$$\begin{aligned} \mathcal{P}_i' = (x_i', y_{i\inf}', y_{i\sup}'): \quad x_i' &= \frac{1}{2}(x_{i-1} + x_i) \\ y_{i\inf}' &= \text{Min}\,\{y_{i\inf}, y_{i\inf}\} \\ y_{\sup}' &= \text{Max}\,\{y_{i\sup}, y_{i\sup}\}\ . \end{aligned} \tag{4.76}$$

Der sich dadurch ergebende Fahrschlauch ist im Bild 4.29 hellgrau hinterlegt. Die dunkelgrau dargestellten erreichbaren Sektoren werden unter Umständen verlassen. Dies ist jedoch irrelevant, da die Trajektorie diese Bereiche gar nicht erreichen kann. Alternativ ließe sich für den Abstand zwischen den Toren ein Grenzwert definieren, sodass bei Überschreiten des Werts ein oder mehrere zusätzliche Hilfstore eingefügt werden. Prinzipiell unterscheidet sich das Vorgehen dabei aber nicht. Nach dem Ergänzen der Hilfstore wird im Anschluss nicht mehr zwischen ihnen unterschieden, d. h. Hilfstore $\mathcal{P}_i'$ und Passierungstore $\mathcal{P}_i$ werden gleichermaßen behandelt. Die Bezeichnung *Passierungstor* wird daher im Folgenden, wenn nicht explizit angegeben, für beide Typen verwendet.

In Abschnitt 4.2.2 ist gezeigt worden, dass die Extrempunkte der kinematischen Konfiguration nur durch konstante maximale bzw. minimale Beschleunigung vom Startpunkt aus beginnend erreicht werden können. Der obere als auch der untere Randbogen zwischen diesen Extrema wird hingegen durch einen einmaligen Wechsel von maximaler auf minimale Beschleunigung bzw. vice versa angesteuert. Da die beiden Ränder die gesamte kinematische Konfiguration begrenzen, muss folglich jeder beliebige Punkt innerhalb der Konfiguration durch einen einmaligen Wechsel innerhalb des gesamten Beschleunigungsintervall $[-a_0, a_0]$ erreichbar sein. Dies bedeutet, dass eine Gegenlenkbewegung bereits vor dem Durchfahren eines Tores erfolgen muss. Somit ergeben sich ohne den Startpunkt (x_0,y_0) bei n Passierungstoren $2n$ zu bestimmende Beschleunigungswerte für die Trajektorie:

$$\begin{aligned} \underline{a} \in \mathbb{R}^{2n}: \quad \underline{a} &= \left({}^{\gamma}a_{1y} \;\; {}^{1-\gamma}a_{1y} \;\; {}^{\gamma}a_{2y} \;\; {}^{1-\gamma}a_{2y} \;\; \cdots \;\; {}^{\gamma}a_{ny} \;\; {}^{1-\gamma}a_{ny} \right)' \\ & -a_0 \le {}^{\gamma}a_{iy} \le a_0 \quad \wedge \quad -a_0 \le {}^{1-\gamma}a_{iy} \le a_0\ . \end{aligned} \tag{4.77}$$

Der hochgestellte Index γ bezieht sich auf den ersten Teil zwischen zwei Passierungstoren bis zum Wechsel der Beschleunigung zum Zeitpunkt ${}^{\gamma}t_i$, der Index $(1-\gamma)$ hingegen auf den zweiten Teil nach der Änderung bis zum nächsten Passierungstor. Für das Tor $\mathcal{P}_i$ gilt:

$$\gamma_i \in [0,1] \; : \qquad {}^{\gamma}t_i = t_{i-1} + \gamma_i\,(t_i - t_{i-1}) \; . \tag{4.78}$$

Somit folgen n weitere Parameter zur Beschreibung der Trajektorie:

$$\underline{\gamma} \in \mathbb{R}^n\,, \gamma_i \in [0,1] \; : \qquad \underline{\gamma} \;=\; \begin{pmatrix} \gamma_1 & \gamma_2 & \cdots & \gamma_n \end{pmatrix}' . \tag{4.79}$$

Für die Bewegung zwischen den zwei Passierungstoren $\mathcal{P}_{i-1}$ und $\mathcal{P}_i$ folgt bis zum Wechsel der Beschleunigung:

$$
\begin{aligned}
{}^{\gamma}y_i &= y_{i-1} + v_{(i-1)y}\,(t_i - t_{i-1})\,\gamma_i + \frac{1}{2}\,{}^{\gamma}a_{i\,y}\,(t_i - t_{i-1})^2\,\gamma_i^2 && (4.80)\\
{}^{\gamma}v_{i\,y} &= v_{(i-1)y} + {}^{\gamma}a_{i\,y}\,(t_i - t_{i-1})\,\gamma_i \; . && (4.81)
\end{aligned}
$$

Für den zweiten Teil nach dem Wechsel der Beschleunigung bis zum Passierungstor $\mathcal{P}_i$ ergeben sich die Gleichungen analog:

$$
\begin{aligned}
y_i &= {}^{\gamma}y_i + {}^{\gamma}v_{i\,y}\,(t_i - t_{i-1})\,(1-\gamma_i) + \frac{1}{2}\,{}^{1-\gamma}a_{i\,y}\,(t_i - t_{i-1})^2\,(1-\gamma_i)^2 && (4.82)\\
v_{i\,y} &= {}^{\gamma}v_{i\,y} + {}^{1-\gamma}a_{i\,y}\,(t_i - t_{i-1})\,(1-\gamma_i) \; . && (4.83)
\end{aligned}
$$

Das erste Gleichungspaar (4.80), (4.81) wird nun in das zweite (4.82), (4.83) eingesetzt, sodass innerhalb des Passierungstors $\mathcal{P}_i$ die Position

$$
\begin{aligned}
y_i &= y_{i-1} + v_{(i-1)y}\,(t_i - t_{i-1}) + {}^{\gamma}a_{i\,y}\,(t_i - t_{i-1})^2\,\gamma_i\left(1 - \frac{\gamma_i}{2}\right)\\
&\quad + \frac{1}{2}\,{}^{1-\gamma}a_{i\,y}\,(t_i - t_{i-1})^2\,(1-\gamma_i)^2 && (4.84)
\end{aligned}
$$

eingenommen wird. Die laterale Geschwindigkeit beträgt dann:

$$v_{i\,y} = v_{(i-1)y} + {}^{\gamma}a_{i\,y}\,(t_i - t_{i-1})\,\gamma_i + {}^{1-\gamma}a_{i\,y}\,(t_i - t_{i-1})\,(1-\gamma_i) \tag{4.85}$$

Für die einzelne Stützstelle (x_i, y_i) der Trajektorie gilt ferner die Randbedingung:

$$y_{i\,\mathrm{inf}} \leq y_i \leq y_{i\,\mathrm{sup}} \; , \tag{4.86}$$

damit diese durch das jeweilige Passierungstor $\mathcal{P}_i$ geführt wird. Die Position x_i ist bereits durch die longitudinale Propagation bzw. durch die Konstruktion der Hilfstore festgelegt worden. Anhand des Parametervektors

$$\underline{z} \in \mathbb{R}^{3n} \; : \quad \underline{z} = \left({}^{\gamma}a_{1y}\;{}^{1-\gamma}a_{1y}\;{}^{\gamma}a_{2y}\;{}^{1-\gamma}a_{2y}\;\cdots\;{}^{\gamma}a_{n\,y}\;{}^{1-\gamma}a_{n\,y}\;\middle|\;\gamma_1\;\gamma_2\;\cdots\;\gamma_n\right)' \tag{4.87}$$

lässt sich die Trajektorie vollständig beschreiben. Durch die Ergänzung der Hilfstore ist die Strecke zwischen zwei ursprünglichen Passierungstoren nicht mehr nur in zwei, sondern in vier Bereiche für unterschiedliche Querbeschleunigungen unterteilt worden. Somit kann auch das Fahrverhalten einer möglichst raschen Ausweichbewegung mit anschließender Geradeausfahrt zwischen zwei (ursprünglichen) Passierungstoren berücksichtigt werden, indem zwischen dem ersten Passierungstor und dem Hilfstor die Lenk- und Gegenlenkbewegung erfolgt und im nächsten Teil zwischen Hilfstor und darauf folgendem Passierungstor geradeaus gefahren wird, d. h. keine laterale Beschleunigung mehr erfolgt. Dies wäre ohne die Hilfstore nicht realisierbar, da die Bewegung nur in zwei Teile, getrennt durch den Parameter γ, aufgespalten werden würde. Der dritte Teil der Bewegung „Geradeausfahrt ohne Lenken" müsste entfallen. Durch die Einführung der Hilfstore ergibt sich somit ein zusätzlicher Freiheitsgrad in der Berechnung der Bewegung.

Im Folgenden wird die Trajektorie mithilfe des bekannten Optimierungsverfahrens aus 3.2.2 berechnet. Die Verwendung eines Optimierungsverfahrens ist im Hinblick auf Konvergenz innerhalb eines zeitlichen Limits bei gegebenen äußeren Randbedingugnen zwar kritisch zu sehen, inbesondere wenn aufgrund einer unvorhergesehenen Änderung der Bewegungen der beteiligten Fahrzeuge, die die a-priori getroffenen kinematischen Annahmen übersteigt, eine Aktualisierung der Propagation und eine Neuberechnung der Trajektorie vonnöten ist, zumal dann eine Kollision eventuell nicht mehr auszuschließen ist. An dieser Stelle soll aber die Frage nach der optimalen Trajektorie unabhängig von diesen Einschränkungen beantwortet und das zugehörige Optimierungskriterium festgelegt werden. Im Kapitel 3.1 ist u. a. das Integral über das Krümmungsquadrat als Kriterium verwendet worden, da es auf einen sehr gleichmäßigen und geschmeidigen Verlauf der Trajektorie führte, vgl. Gleichung (3.21). Es bietet sich daher an, dieses hier als Grundlage zur Trajektorienberechnung wieder aufzugreifen. Wird das Integral auf die Weglänge x_n normiert, ergibt sich anhand der Gleichung (3.2) das Optimierungsfunktional J_1 zu:

$$J_1 = \frac{1}{x_n} \int\limits_{x=x_0}^{x_n} a_y(x)^2 dx \,. \tag{4.88}$$

Durch die Normierung kann der Integralwert in erster Näherung das Quadrat der maximalen Querbeschleunigung nicht übersteigen. Man erhält als obere Schranke für das Integral:

$$J_1 \leq a_0^2 \,. \tag{4.89}$$

Der resultierende Fehler aufgrund der Abweichung zwischen der angenommenen Weglänge x_n und der tatsächlichen Bahnlänge wird vernachlässigt. In der Beschreibung der Trajektorie ist die Beschleunigung als abschnittsweise konstant angenommen worden, somit lässt sich das Integral mittels der zwei Teilstrecken ${}^{\gamma}\Delta x_i$, ${}^{1-\gamma}\Delta x_i$ zwischen den Passierungstoren $\mathcal{P}_{i-1}$ und $\mathcal{P}_i$ als diskrete Summe formulieren:

$$J_1 = \frac{1}{x_n} \sum_{i=1}^{n} \left({}^{\gamma}a_{i\,y}^2 \; {}^{\gamma}\Delta x_i \; + \; {}^{1-\gamma}a_{i\,y}^2 \; {}^{1-\gamma}\Delta x_i \right) . \tag{4.90}$$

Beide Teilstrecken ergeben sich aus der Längsgeschwindigkeit, die als unabhängig von der lateralen Bewegung angenommen wird. Bewegt sich das Egofahrzeug mit der Geschwindigkeit v_{0x}, so legt es auf dem ersten Teilstück vom Passierungstor $\mathcal{P}_{i-1}$ bis zum Beschleunigungswechsel den Weg

$${}^{\gamma}\Delta x_i = v_{0x} \left(t_i - t_{i-1} \right) \gamma_i \tag{4.91}$$

in Längsrichtung und auf dem zweiten Teilstück bis zum Passierungstor $\mathcal{P}_i$ den Weg

$${}^{1-\gamma}\Delta x_i = v_{0x} \left(t_i - t_{i-1} \right) \left(1 - \gamma_i \right) \tag{4.92}$$

zurück. Die Gleichung (4.90) kann somit durch die Summe über den Parametervektor $\underline{z}$ in der Form

$$J_1 = \frac{1}{x_n} \sum_{i=1}^{n} \left({}^{\gamma}a_{i\,y}^2 \underbrace{v_{0x} \left(t_i - t_{i-1} \right) \gamma_i}_{{}^{\gamma}\Delta x_i} + {}^{1-\gamma}a_{i\,y}^2 \underbrace{v_{0x} \left(t_i - t_{i-1} \right) \left(1 - \gamma_i \right)}_{{}^{1-\gamma}\Delta x_i} \right) \tag{4.93}$$

ausgewertet werden. Die Geschwindigkeit v_{0x} ist konstant und skaliert demnach nur den Wert des Zielfunktionals, hat aber auf die Minimierung selbst keinen Einfluss. Dieses Kriterium für sich betrachtet hat jedoch den Nachteil, dass die Trajektorie eventuell an den Rändern der Passierungstore entlang geführt wird, nur um einen möglichst geringen Krümmungsverlauf einzunehmen. Praktisch gesehen würde dies den höchstgefährlichen Effekt haben, dass das Egofahrzeug vor einem Hindernis nicht die maximal mögliche Beschleunigung ausnutzt, sondern sich nur so stark zur Seite bewegt, dass es möglichst knapp an einem Hindernis vorbei fährt. Prinzipiell ließe sich dies durch einen zusätzlichen Sicherheitsabstand und die entsprechende Vergrößerung der Sperrflächen vermeiden. Stattdessen soll jedoch das Optimierungskriterium um einen zusätzlichen Term J_2 erweitert werden, der die Trajektorie möglichst in die Mitte eines jeden Passierungstors zieht. Da diese unterschiedlich breit sind, wird in jedem Passierungstor $\mathcal{P}_i$ der Abstand der Stützstelle y_i von der Mitte des Tors herangezogen und auf die halbe Torbreite normiert, sodass sich in jedem Passierungstor $\mathcal{P}_i$ eine relative Abweichung $\overline{\Delta y_i}$ von

$$\overline{\Delta y_i} = \frac{y_i - \frac{1}{2} \left(y_{i\,\sup} + y_{i\,\inf} \right)}{\frac{1}{2} \left(y_{i\,\sup} - y_{i\,\inf} \right)} \tag{4.94}$$

ergibt. Der maximale Wert beträgt somit ± 1, wenn die Trajektorie exakt durch die obere oder untere Begrenzung des Tores läuft. Wird das Tor nicht durchlaufen, so wird der Wert größer 1 und ist demnach nicht zulässig. Wird hingegen exakt die Mitte des Tores durchlaufen, ist der Wert null. Durch Quadrierung lassen sich Abweichungen zum Rand des Tores hin stärker gewichten. Teilt man die Summe durch die Anzahl der Tore, so erhält man das mittlere Quadrat der relativen Abweichung $\overline{\Delta y_i}$ und somit ein Maß für den Verlauf der Trajektorie außerhalb von der Mitte der Tore:

$$J_2 = \frac{1}{n} \sum_{i=1}^{n} \left(\frac{2\, y_i - (y_{i\,\mathrm{sup}} + y_{i\,\mathrm{inf}})}{(y_{i\,\mathrm{sup}} - y_{i\,\mathrm{inf}})} \right)^2 . \tag{4.95}$$

Das Optimierungsfunktional wird um diesen zweiten Term J_2 erweitert. Mittels des Faktors σ lässt sich der Einfluss der beiden Terme unterschiedlich gewichten:

$$J = J_1 + \sigma\, J_2 . \tag{4.96}$$

Geht man von einer maximalen Querbeschleunigung von $9{,}81\,\mathrm{m/s^2}$ aus, ergibt sich zwischen den maximalen Werten der beiden Terme J_1 und J_2 ein Größenverhältnis von ungefähr 100. Ein Wert von $\sigma \approx 100$ gewichtet somit beide Terme im Optimierungskriterium in etwa gleich. Dieser Wert konnte in der Praxis anhand verschiedener simulierter Szenarien bestätigt werden, eine etwas stärkere Gewichtung des zweiten Terms J_2 über $\sigma \approx 100 \ldots 200$ zeigte sich dabei als vorteilhaft. Das gesamte Optimierungproblem wird im Folgenden mittels des gesuchten Parametervektors $\underline{z}$ in Gleichung (4.97) zusammengefasst.

Zur Lösung eines solchen Optimierungsproblems mit nichtlinearen Nebenbedingungen bieten sich sowohl Software-Pakete, wie z. B. Matlab in Kombination mit der Optimization Toolbox [Mat02] oder Maple an, als auch kommerzielle und frei verfügbare Bibliotheken, die in Form von C/C++ oder Fortran-Routinen in den eigenen Programm-Code eingebunden werden können. Als Beispiele seien hier die NAG Libraries, ALGLIB oder OOL (Open Optimization Library) genannt. Stand der Technik zur Lösung solcher Probleme ist dabei die Methode der „sequentiellen quadratischen Programmierung“, die das Problem iterativ durch ein „quadratisches Programm“ approximiert, das leicht zu lösen ist und letztlich für die Namensgebung verantwortlich ist. Die Bezeichnung „Programm“ hat sich dabei eingebürgert, obwohl die Formulierung „Minimierungsproblem“ passender wäre [Jar04]. Weitere Details zur Lösung und den zugrunde liegenden Algorithmen finden sich in [Gil81] und [Fle00].

Optimierungsproblem:

$$\min_{\underline{z}\in\mathbb{D}} \left\{ J(\underline{z}) \right\} \tag{4.97}$$

$$\mathbb{D} = \left\{ \underline{z} \in \mathbb{R}^{3n} \;\middle|\; \begin{array}{lcccccc} z_{3i-2} & = & {}^{\gamma}a_i & : & -a_0 & \leq & z_{3i-2} \leq a_0 \\ z_{3i-1} & = & {}^{1-\gamma}a_i & : & -a_0 & \leq & z_{3i-1} \leq a_0 \\ z_{3i} & = & \gamma_i & : & 0 & \leq & z_{3i} \leq 1 \end{array} \quad , \quad i = 1..n \right\}$$

Zielfunktion:

$$\begin{aligned} J \;=\; & \sum_{i=1}^{n} \left(\frac{v_{0x}}{x_n} \left(z_{3i-2}^2 (t_i - t_{i-1}) z_{3i} + z_{3i-1}^2 (t_i - t_{i-1})(1 - z_{3i}) \right) \right. \\ & \left. + \frac{\sigma}{n} \left(\frac{2\, y_i - (y_{i\,\text{sup}} + y_{i\,\text{inf}})}{y_{i\,\text{sup}} - y_{i\,\text{inf}}} \right)^2 \right) \end{aligned}$$

Nebenbedingungen:

$$\begin{pmatrix} y_{1\,\text{inf}} \\ y_{2\,\text{inf}} \\ y_{3\,\text{inf}} \\ \vdots \\ y_{n\,\text{inf}} \end{pmatrix} \leq \begin{pmatrix} 1 & 0 & & \cdots & 0 \\ 0 & 1 & 0 & & \\ & 0 & 1 & & \vdots \\ \vdots & & & \ddots & 0 \\ 0 & & \cdots & 0 & 1 \end{pmatrix} \begin{pmatrix} y_1 \\ y_2 \\ y_3 \\ \vdots \\ y_n \end{pmatrix} \leq \begin{pmatrix} y_{1\,\text{sup}} \\ y_{2\,\text{sup}} \\ y_{3\,\text{sup}} \\ \vdots \\ y_{n\,\text{sup}} \end{pmatrix}$$

Hilfsfunktionen:

$$\begin{aligned} y_i &= y_{i-1} + v_{(i-1)y}\,(t_i - t_{i-1}) + z_{3i-2}\,(t_i - t_{i-1})^2\, z_{3i} \left(1 - \frac{z_{3i}}{2}\right) \\ &\quad + \frac{1}{2}\, z_{3i-1}\,(t_i - t_{i-1})^2\,(1 - z_{3i})^2 \\ v_{i\,y} &= v_{(i-1)y} + z_{3i-2}\,(t_i - t_{i-1})\, z_{3i} + z_{3i-1}\,(t_i - t_{i-1})\,(1 - z_{3i}) \\ \sigma &= 100 \ldots 200 \end{aligned}$$

4.2.6 Beispielszenario 1: Zwei Hindernisse und Fahrbahnbegrenzung

Zur Demonstration des Verfahrens wird das Szenario aus Abschnitt 4.1.5 mit den kinematischen Bewegungen der beteiligten Objekte entsprechend Tabelle 4.1 aufgegriffen. Die Entwicklung des Szenarios ist im Bild 4.30 von oben nach unten verlaufend dargestellt. Für die beiden Hindernisse ergeben sich zwei Sperrflächen $\mathcal{S}_1$ und $\mathcal{S}_2$, die im Bild grau eingefärbt sind. Die Fahrbahnränder sind ebenfalls eingezeichnet. Sowohl die Sperrflächen als auch die Fahrbahnränder beziehen sich bekanntlich auf die Mitte der vorderen Stoßstange des Egofahrzeugs, d. h. diese sind bereits um die

Fahrzeugabmessungen erweitert worden und zur Vermeidung einer Kollision darf dieser Bezugspunkt nicht in die gekennzeichneten Flächen eindringen. Das Egofahrzeug trifft bei $x = 29,3\,\text{m}$ und $t = 1,46\,\text{s}$ zuerst auf das entgegenkommende Hindernis, dessen zugehörige Sperrfläche $\mathcal{S}_2$ aufgrund der hohen Relativgeschwindigkeit recht kurz ist und beide Fahrzeuge sich folglich „virtuell" sehr schnell durchdringen. Unabhängig von der lateralen Position sind die hinteren Stoßstangen des Egofahrzeugs und des Hindernisses zum Zeitpunkt $t = 1,62\,\text{s}$ bei $x = 32,5\,\text{m}$ genau auf gleicher Höhe, sodass an dieser Position die Sperrfläche $\mathcal{S}_2$ enden muss. Die zugehörigen lateralen Abmessungen der Sperrfläche ergeben sich, wie in Abschnitt 4.2.1 beschrieben, aus den Fahrzeugabmessungen von Egofahrzeug und Hindernis, sowie der Hindernisbewegung. Im Anschluss trifft das Egofahrzeug zum Zeitpunkt $t = 1,9\,\text{s}$ an der Position $x = 38,1\,\text{m}$ auf die Sperrfläche $\mathcal{S}_1$ des voraus fahrenden Hindernisses. Durch die geringe Relativgeschwindigkeit ist diese Sperrfläche recht lang und endet erst am Ort $x = 50,4\,\text{m}$, der bei $t = 2,53\,\text{s}$ passiert wird.

Die zugehörige laterale Geschwindigkeitspropagation ist im Bild 4.31 unter Berücksichtigung der beiden Sperrflächen dargestellt. Die Fahrbahnbegrenzung ist links und rechts durch die hellgrauen Flächen markiert. Die Geschwindigkeitspropagation erfolgt jeweils zu den Zeitpunkten, in denen das Egofahrzeug auf ein Hindernis trifft oder sich von diesem löst, sodass insgesamt nur vier, nicht zeitäquidistante Propagationsschritte nötig sind. Für die Hilfstore zwischen den Passierungstoren erfolgt keine Geschwindigkeitspropagation, da diese aus den angrenzenden Passierungstoren konstruiert werden. Die hellgrauen Flächen markieren die erreichbaren kinematischen Konfigurationen mit dem Geschwindigkeitsbereich, der an den Kontaktpunkten in Abhängigkeit der lateralen Position vom Egofahrzeug eingenommen werden kann. Die dunkelgrauen Bereiche stellen hingegen die unter Anwesenheit der Sperrflächen und Fahrbahnbegrenzung erlaubten Bereiche dar, in denen eine Kollision ausgeschlossen werden kann und die durch ihre maximale und minimale laterale Ausdehnung schlussendlich die Passierungstore definieren. Die weitere Bewegung darf folglich jeweils nur aus diesen dunkelgauen Flächen heraus zum nächsten Kontaktpunkt propagiert werden. Für dieses Beispiel ergeben sich die vier Kontaktpunkte bei $t = 1,46\,\text{s}$, $1,62\,\text{s}$, $1,90\,\text{s}$ und $2,53\,\text{s}$. Die Trajektorie muss nun genau durch die Tore laufen und darf dabei die Fahrbahnbegrenzung nicht überschreiten. Die Passierungs- und die ergänzten Hilfstore, sowie die Bahn der gefundenen Trajektorie nach Gleichung (4.97) sind im Bild 4.30 ebenfalls eingezeichnet worden und man erkennt, wie das Egofahrzeug knapp am unteren Fahrbahnrand kollisionsfrei an beiden Hindernissen vorbeifährt. Die zugehörigen Lenkbewegungen entsprechen der lateralen Beschleunigung und können Bild 4.33 entnommen werden.

Im ersten Verfahren hat sich noch ein zweiter Pfad, vgl. Abschnitt 4.1.5 ergeben, der links am ersten Hindernis vorbeiführte. Die Geschwindigkeitspropagation für diesen Pfad ist im Bild 4.32 dargestellt. Im ersten Propagationsschritt bei $t = 1,46\,\text{s}$ bleibt nur ein sehr kleiner Bereich mit einer hohen lateralen Geschwindigkeit von $v_y \approx 3..4,5\,\text{m/s}$ übrig, der gerade nicht mehr von der Sperrfläche $\mathcal{S}_2$ überdeckt wird.

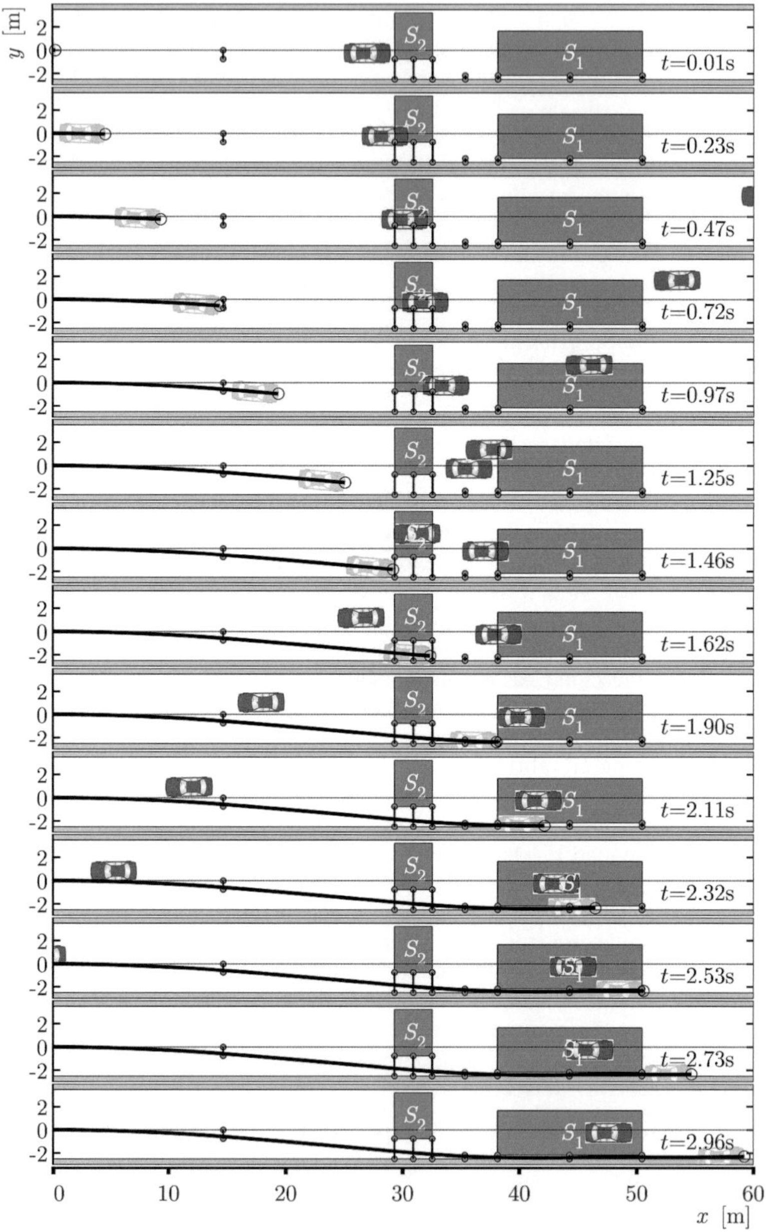

Bild 4.30: Beispielszenario 1: Passingstore und Sperrflächen ($v_0 = 20\,\text{m/s}, a_0 = 3\,\text{m/s}^2$)

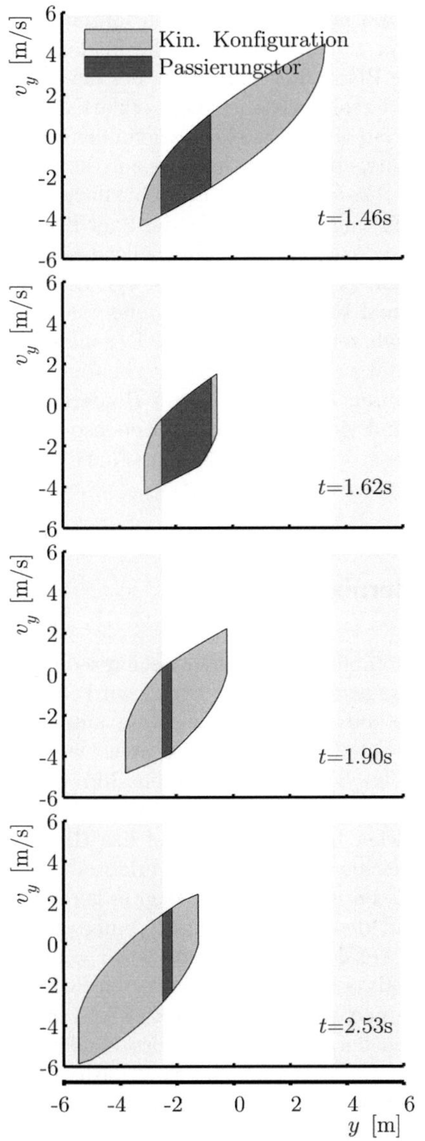

Bild 4.31: Beispielszenario 1: Propagation der Geschwindigkeit (Pfad 1)

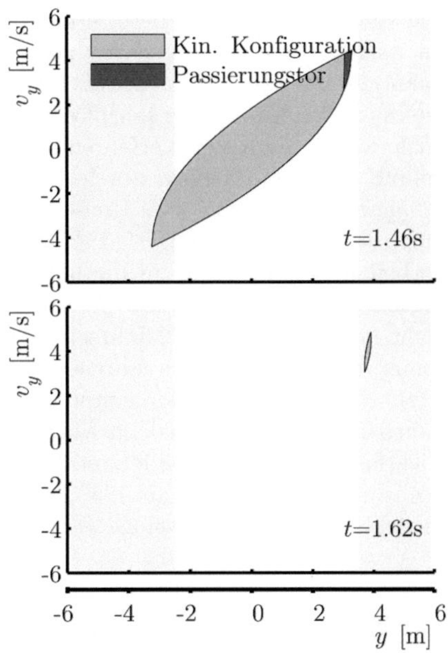

Bild 4.32: Beispielszenario 1: Propagation der Geschwindigkeit (Pfad 2)

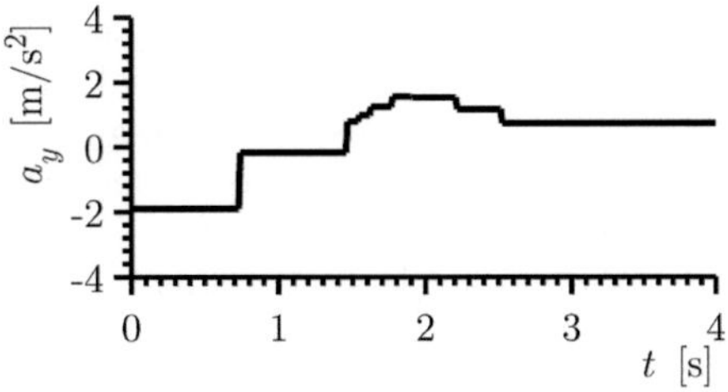

Bild 4.33: Beispielszenario 1: Querbeschleunigung (Pfad 1)

Die von diesem kleinen Bereich aus erreichbaren lateralen Positionen führen jedoch im zweiten Propagationsschritt zum Zeitpunkt $t = 1,62\,\mathrm{s}$ vollständig in den Fahrbahnrand $y > y_{Fl} = 3,5\,\mathrm{m}$, sodass dieser zweite Pfad unter Beachtung der maximalen lateralen Beschleunigung fahrphysikalisch nicht realisierbar ist. Dies erklärt letztlich auch, warum im ersten Verfahren für diesen Pfad keine Trajektorie gefunden werden konnte, die ausschließlich durch die Aufenthaltsgebiete führte und somit kollisionsfrei gewesen wäre. Bei zwei Hindernissen sind theoretisch vier unterschiedliche Pfade möglich. Auf dem dritten Pfad müsste das Fahrzeug erst rechts an der Sperrfläche $\mathcal{S}_2$ vorbeifahren und dann auf die linke Seite von $\mathcal{S}_1$ wechseln. Anhand der Geschwindigkeitspropagation ist dieser Wechsel aber zum Zeitpunkt $t = 1,90s$, vgl. Bild 4.31, nicht möglich, da das Egofahrzeug sich maximal bis $y \approx 0$ bewegt haben kann und somit voll auf das voraus fahrende Hindernisfahrzeug prallen würde. Der vierte und letzte Pfad würde links am ersten und rechts am zweiten Hindernis vorbeiführen, die Fahrbahrkeit scheitert jedoch wie die des zweiten bereits am ersten Hindernis. Die Nichtfahrbarkeit der zwei letzten Pfade drei und vier lässt sich daher ebenso wie die des zweiten Pfad bereits aus der Geschwindigkeitspropagation ablesen, ohne dass eine Trajektorie explizit berechnet werden muss.

4.2.7 Beispielszenario 2: Zehn Hindernisse

Im Abschnitt 4.1.6 ist als zweites Beispiel ein komplexes Mehrobjektszenario mit zehn Hindernissen und ohne Fahrbahnbegrenzung vorgestellt worden. Dieses wird ebenfalls noch einmal aufgegriffen und mittels der Methode der Passierungstore untersucht. Die genauen kinematischen Bewegungen der beteiligten Objekte können wiederum der Tabelle 4.2 entnommen werden, die Abfolge des Szenarios ist im Bild 4.34 für ausgewählte Zeitpunkte dargestellt. Vom Startpunkt ausgehend trifft das Egofahrzeug in seiner longitudinalen Bewegung zunächst bei $x = 2,84\,\mathrm{m}$ auf das Hindernis V_4, das den Beginn der Sperrfläche $\mathcal{S}_4$ kennzeichnet. Im weiteren Verlauf stößt das Fahrzeug bei $15,9\,\mathrm{m}$ auf das Hindernis V_3, das im ersten Bild zu Beginn gerade aus dem dargestellten Ausschnitt hinausfährt und dessen Sperrfläche $\mathcal{S}_3$ aufgrund des großen lateralen Versatzes nicht zu sehen ist. Auf der Längsposition von $x = 19,80\,\mathrm{m}$ grenzt es gerade noch an das Hindernis V_4, sodass die Mitte der vorderen Stoßstange das Ende der Sperrfläche $\mathcal{S}_4$ markiert. Die nächste (nicht sichtbare) Ablösung in der Längsposition erfolgt bei $x = 21,75\,\mathrm{m}$ von der Sperrfläche $\mathcal{S}_3$ des Hindernisses V_3. Kurz darauf trifft es bei $x = 22,85\,\mathrm{m}$ und $t = 1,14\,\mathrm{s}$ auf die Sperrfläche $\mathcal{S}_5$ des Hindernisses V_5. Aus dem ersten bzw. letzten Kontakt mit jeder Sperrfläche ergeben sich nun Abfolge und Längspositionen der Passierungstore. Die weitere Entwicklung des Szenarios wird in der dargestellten Sequenz deutlich. Insgesamt ergeben sich zehn Sperrflächen, die teilweise dicht aufeinander folgen bzw. aneinander stoßen ($\mathcal{S}_5$ grenzt an $\mathcal{S}_2$, $\mathcal{S}_1$ grenzt an $\mathcal{S}_6$ und $\mathcal{S}_7$). Aus jeder Sperrfläche folgen zwei Passierungstore, die bei angrenzenden Sperrflächen identisch sind. Dabei ist es unerheblich, dass ein

Tor aus dem Ende einer Sperrfläche und das andere aus dem Beginn der angrenzenden Sperrfläche resultiert. Somit ergeben sich für die Durchfahrt des Egofahrzeugs insgesamt zwanzig Passierungstore. Der besseren Übersichtlichkeit wegen wurde im Bild 4.34 auf die zusätzliche Darstellung der Hilfstore verzichtet, aber für die Trajektorienberechnung berücksichtigt. Durch die Gesamtabdeckung der Sperrflächen und deren gegenseitige Überschneidungen erkennt man im Szenario sofort, dass es nur einen möglichen Pfad links an den gezeichneten Sperrflächen vorbei geben kann, der die gesuchte Ausweichtrajektorie enthalten muss. Insbesondere das erste Hindernis V_4 mit der Sperrfläche $\mathcal{S}_4$ verhindert bereits gleich zu Beginn jede weitere Möglichkeit, einen sicheren Weg nach rechts zu nehmen. Durch die rechteckförmige Konstruktion anhand der minimalen und maximalen lateralen Positionen wird die Sperrfläche bei schrägen Fahrtrichtungen deutlich größer als der eigentliche Fahrkorridor benötigen würde, wie es im Fall der Sperrflächen $\mathcal{S}_4$, $\mathcal{S}_8$ und $\mathcal{S}_{10}$ deutlich wird.

Zum besseren Verständnis des Szenarios sind in der Tabelle 4.3 sämtliche Passierungstore mit Kontaktzeitpunkt und Torgrenzen zusammengefasst. Die Bilder 4.35 und 4.36 stellen die kinematischen Konfigurationen und die aus der Begrenzung durch

Tabelle 4.3: Beispielszenario 2: Passierungstore (Pfad 1)

i	t_i	x_i	$y_{i\,\text{inf}}$	$y_{i\,\text{sup}}$	$\mathcal{S}_i$
1	0,14 s	2,84 m	−0,03 m	0,03 m	$\mathcal{S}_4$
2	0,79 s	15,85 m	−0,94 m	0,94 m	$\mathcal{S}_3$
3	0,99 s	19,80 m	−0,71 m	1,47 m	$\mathcal{S}_4$
4	1,09 s	21,75 m	−0,52 m	1,77 m	$\mathcal{S}_3$
5	1,14 s	22,85 m	−0,64 m	1,96 m	$\mathcal{S}_5$
6	1,44 s	28,75 m	−1,07 m	3,10 m	$\mathcal{S}_5$
7	1,45 s	28,99 m	−0,41 m	3,15 m	$\mathcal{S}_2$
8	1,57 s	31,43 m	3,26 m	3,70 m	$\mathcal{S}_{10}$
9	1,61 s	32,25 m	3,89 m	3,90 m	$\mathcal{S}_2$
10	1,76 s	35,16 m	4,50 m	4,64 m	$\mathcal{S}_1$
11	2,11 s	42,16 m	5,72 m	6,66 m	$\mathcal{S}_{10}$
12	2,38 s	47,62 m	6,42 m	8,50 m	$\mathcal{S}_1$
13	2,39 s	47,75 m	6,43 m	8,55 m	$\mathcal{S}_6$
14	2,39 s	47,75 m	6,43 m	8,55 m	$\mathcal{S}_7$
15	2,49 s	49,75 m	6,63 m	9,28 m	$\mathcal{S}_9$
16	2,79 s	55,85 m	7,04 m	11,70 m	$\mathcal{S}_6$
17	2,79 s	55,85 m	7,04 m	11,70 m	$\mathcal{S}_7$
18	2,89 s	57,85 m	7,12 m	12,55 m	$\mathcal{S}_9$
19	3,45 s	68,97 m	6,99 m	17,84 m	$\mathcal{S}_8$
20	3,79 s	75,74 m	6,46 m	21,51 m	$\mathcal{S}_8$

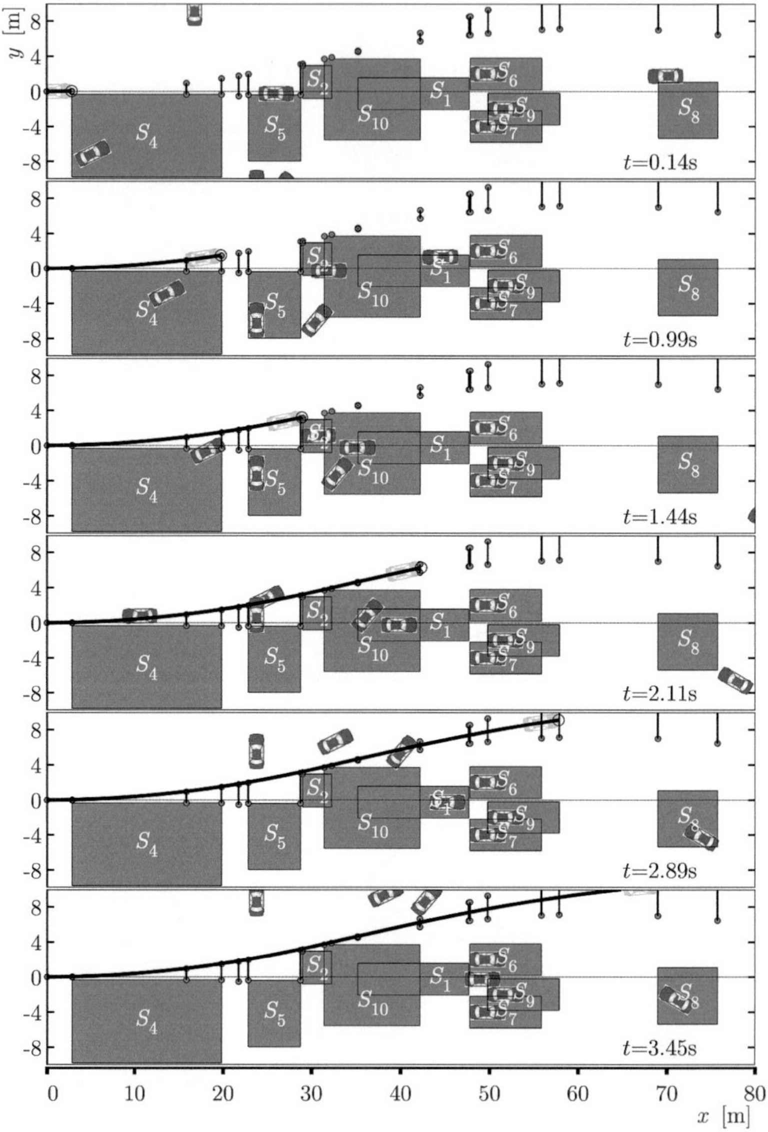

Bild 4.34: Beispielszenario 2: Passingstore und Sperrflächen ($v_0 = 20\,\mathrm{m/s}, a_0 = 3\,\mathrm{m/s^2}$, ohne Hilfstore)

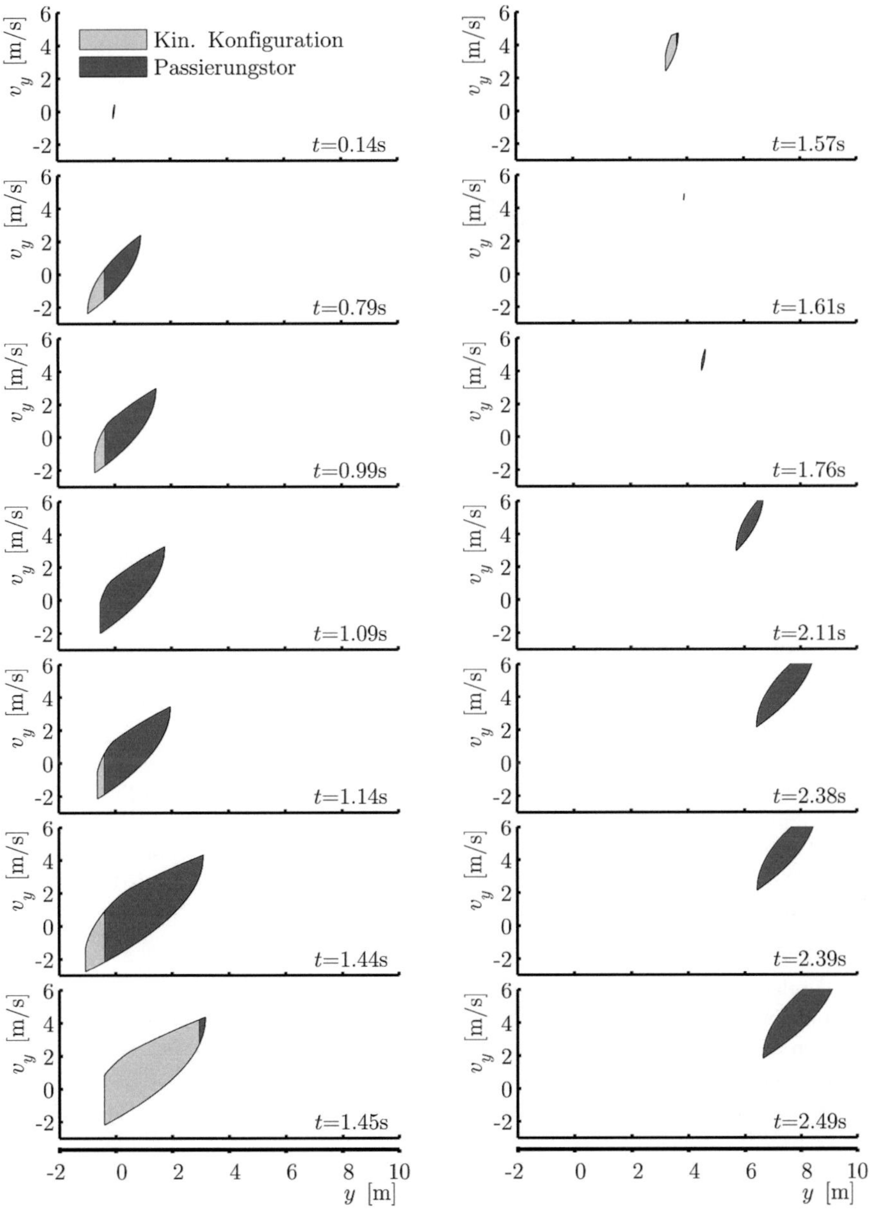

Bild 4.35: Beispielszenario 2: Propagation der Geschwindigkeit (Pfad 1) (Teil 1)

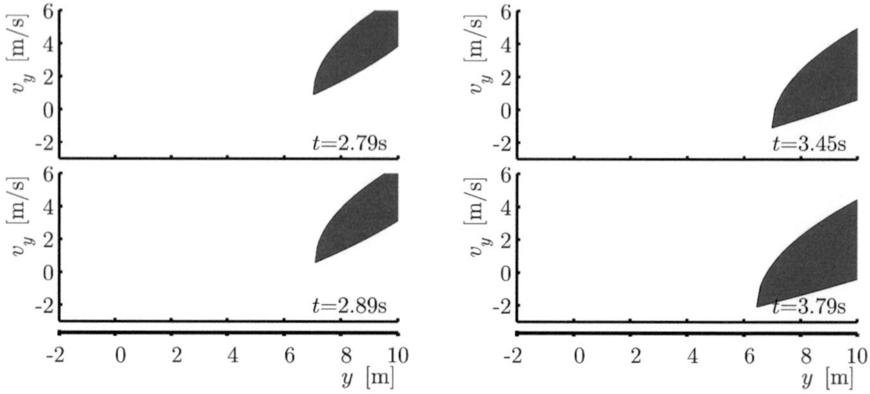

Bild 4.36: Beispielszenario 2: Propagation der Geschwindigkeit (Pfad 1) (Teil 2)

die Sperrflächen resultierenden Passierungstore für jeden Propagationsschritt dar. Bei $t = 1,57$ s und $1,61$ s werden die Konfigurationen durch die Sperrflächen so stark begrenzt, dass nur zwei sehr kleine Passierungstore zum Durchfahren verbleiben. Zu den Zeitpunkten $t = 1,09$ s und ab $t \geq 1,76$ s findet keine laterale Begrenzung durch eine Sperrfläche statt, d. h. die Passierungstore ergeben sich aus der gesamten propagierten kinematischen Konfiguration. Für die Kontaktzeitpunkte ab $t \geq 1,76$ s erkennt man im Bild 4.34 des Szenarios, wie die Passierungstore oberhalb der Sperrflächen liegen und zunächst nach oben wandern. Erst zum Ende hin dehnen sich die Tore wieder in negative y-Richtung aus, wenn die laterale Geschwindigkeit vollständig kompensiert werden konnte, was den Beginn der Bewegung in die entgegengesetzte Richtung überhaupt erst ermöglicht. Der Vollständigkeit halber zeigt das Bild 4.37 den unspektakulären Verlauf der lateralen Beschleunigung zum Abfahren der Trajektorie, die sich aus dem Optimierungskriterium ergibt und erwartungsgemäß zunächst eine maximale Beschleunigung in positive y-Richtung aufweist, um die extrem schmalen Passierungstore bei $t = 1,57$ s und $1,61$ s zu erreichen, bevor anschließend zurückgelenkt wird.

Im Vergleich zum ersten Propagationsverfahren ergibt sich durch die präzisere Formulierung der Bewegungen und der Berücksichtigung der rechteckförmigen Fahrzeuggeometrien eine deutlich zuverlässigere Vorhersage des möglichen kollisionsfreien Pfads. Betrachtet man hingegen noch einmal dasselbe Szenario in den Bildern 4.14 und 4.15, wie es durch das erste Verfahren propagiert worden ist und zählt die einzelnen Arme der Aufenthaltsgebiete, die sich zwischen den Hindernissen hindurchschlängeln, zusammen, so würde man prinzipiell ohne Zusammenfließen der Aufenthaltsgebiete zehn mögliche Pfade erhalten. Diese müssten im Anschluss noch explizit auf ihre Fahrbarkeit überprüft werden, was mit der Methode der Passierungstore bereits inhärent für jeden Pfad gewährleistet ist. Vergleicht man darüber hinaus die sehr großen Aufenthaltsgebiete zum Ende des Szenarios mit den zu diesen Zeitpunkten propagierten Passierungstoren, so wird deutlich, dass die propagierten Aufenthaltsgebiete letztlich keine belastbare Basis für eine mögliche kollisionsfreie Fahrstrategie bilden.

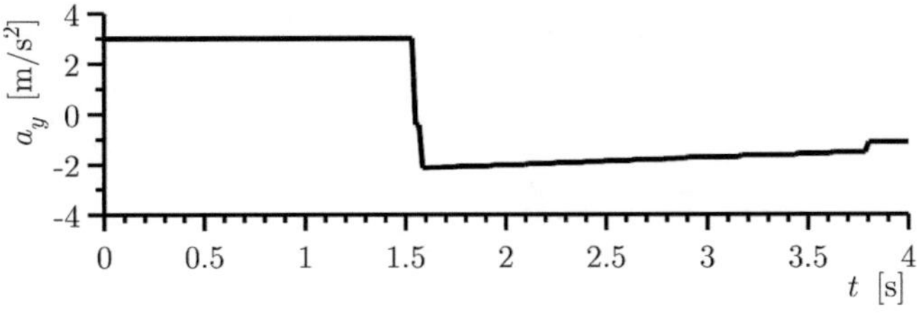

Bild 4.37: Beispielszenario 2: Querbeschleunigung (Pfad 1)

4.2.8 Beispielszenario 3: Vier Hindernisse mit Verzögerung

Abschließend wird noch ein drittes Beispiel mir vier Hindernissen betrachtet. Abgesehen vom dritten Hindernis ist für die übrigen in Longitudinalrichtung eine mögliche Verzögerung in der Fahrhypothese angenommen worden. Dadurch weitet sich der Fahrkorridor in Längsrichtung auf, wie es eingangs in der allgemeinen Formulierung der longitudinalen Propagation beschrieben worden ist, vgl. Fahrzeug V_2 im Bild 4.21. Die kinematischen und geometrischen Details des Szenarios sind in der Tabelle 4.4 aufgelistet. Das Bild 4.38 zeigt den Ablauf des Szenarios und die sich ergebenden vier Sperrflächen $\mathcal{S}_1$ bis $\mathcal{S}_4$, die dunkelgrau eingefärbt sind. Als Zeitpunkte sind neben

Tabelle 4.4: Beispielszenario 3: Initiale kinematische Bewegung

	v_{0x}	v_{0y}	a_{Max}	a_{Min}	x_0	y_0	l	b
Egofahrzeug	25 m/s	0 m/s	4,9 m/s²	−4,9 m/s²	0 m	0 m	4 m	1,8 m
Hindernis 1	10 m/s	0 m/s	0 m/s²	−5 m/s²	25 m	1 m	4 m	1,8 m
Hindernis 2	−25 m/s	0 m/s	0 m/s²	−5 m/s²	100 m	6,5 m	4 m	1,8 m
Hindernis 3	4,2 m/s	0 m/s	0 m/s²	0 m/s²	60 m	0 m	4 m	1,8 m
Hindernis 4	−10 m/s	−0,1 m/s	0 m/s²	−2 m/s²	120 m	5 m	4 m	1,8 m
Fahrbahnrand y_{Fl}		9 m						
Fahrbahnrand y_{Fr}		−4 m						

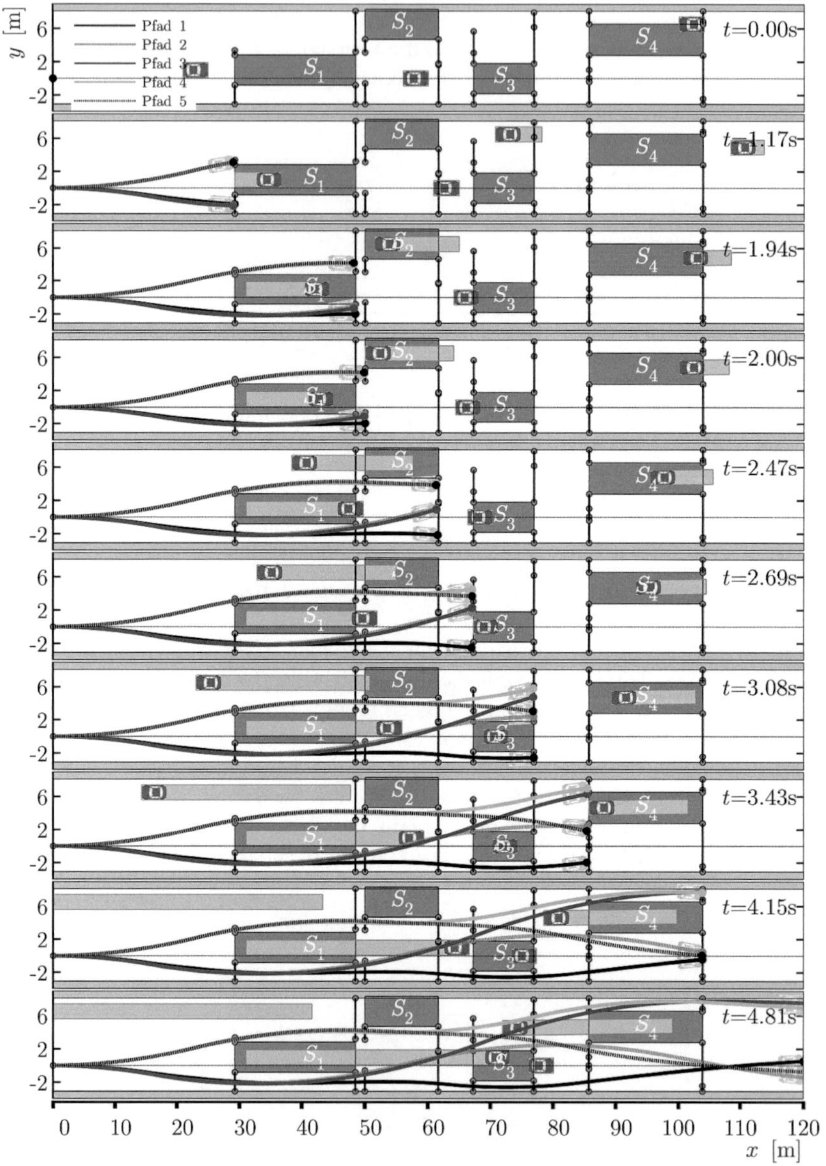

Bild 4.38: Beispielszenario 3: Passingstore und Sperrflächen ($v_0 = 20\,\mathrm{m/s}, a_0 = 4{,}9\,\mathrm{m/s^2}$, ohne Hilfstore)

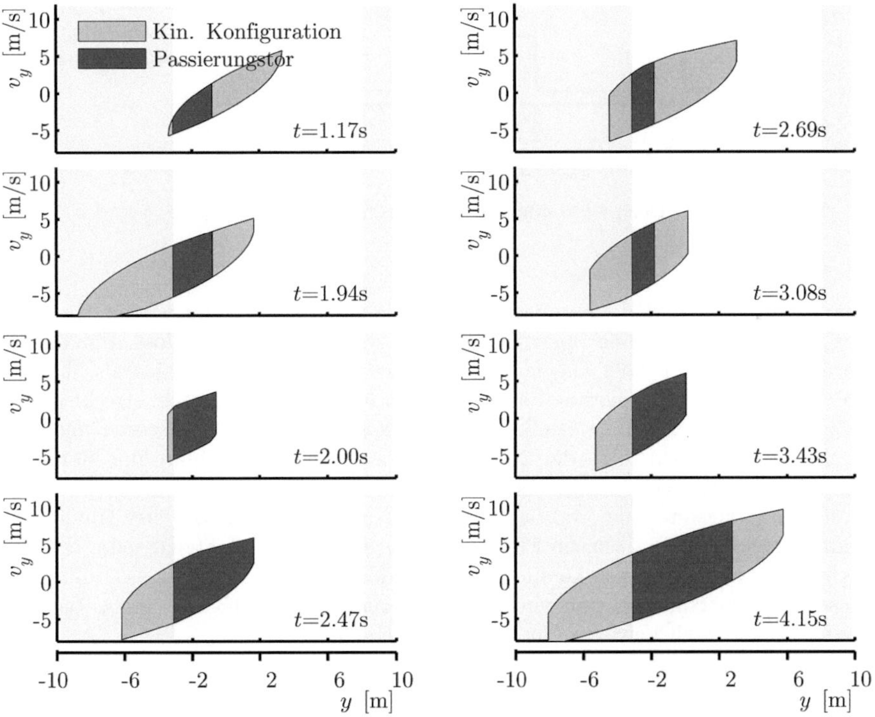

Bild 4.39: Beispielszenario 3: Propagation der Geschwindigkeit (Pfad 1)

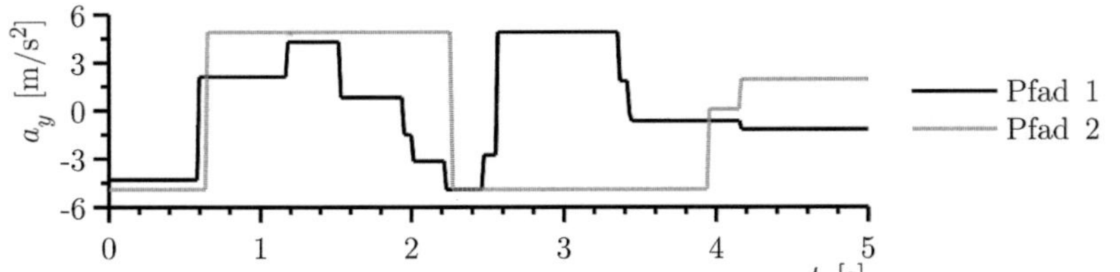

Bild 4.40: Beispielszenario 3: Querbeschleunigung (Pfad 1 und 2)

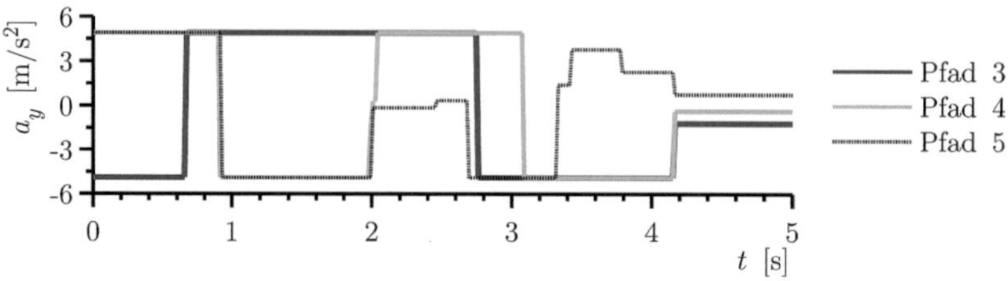

Bild 4.41: Beispielszenario 3: Querbeschleunigung (Pfad 3, 4 und 5)

Start- und Endpunkt die einzelnen Propagationsschritte gewählt worden, bei denen das Egofahrzeug auf eine Sperrfläche trifft bzw. sich von dieser löst. Für die Hindernisfahrzeuge mit einer angenommenen Verzögerung ergibt sich jeweils hinter der Fahrzeugkontur eine hellgraue Fläche, die sich über die Zeit langsam streckt und alle möglichen Bewegungen des Hindernisses von konstant bis angenommener maximaler Verzögerung abdeckt, d. h. die Bestimmung der Kontaktzeitpunkte und daraus folgend der Sperrflächen erfolgt unter Berücksichtigung der gesamten angenommenen Beschleunigungsintervalle, vgl. a_{Max} und a_{Min} in Tabelle 4.4. Bei vier Hindernissen können sich maximal sechzehn Pfade ergeben, wenn das Egofahrzeug jedes Hindernis rechts oder links passieren könnte. Dies ist jedoch nicht der Fall, da sich anhand der Geschwindigkeitspropagation und der maximalen Beschleunigung von $4{,}9\,\text{m/s}^2$ nur fünf mögliche, kollisionsfreie Pfade ermitteln lassen.

Für den ersten Pfad, der rechts an allen Sperrflächen vorbeiführt, ist die Geschwindigkeitspropagation exemplarisch im Bild 4.39 abgebildet. Die Sequenz verdeutlicht, wie in den einzelnen Propagationsschritten die kinematische Konfiguration durch die Sperrflächen und die Fahrbahnränder begrenzt wird. Im Pfad 1 wird die laterale Position zunächst negativ, die Vorbeifahrt erfolgt also an der rechten Seite der Sperrfläche $\mathcal{S}_1$. Zu den Zeitpunkten $t = 2{,}00\,\text{s}$ und $2{,}47\,\text{s}$ erfolgt keine Beschneidung durch die Sperrfläche $\mathcal{S}_2$, stattdessen begrenzt lediglich der untere Fahrbahnrand die Konfiguration, sodass nur der rechte Teil der kinematischen Konfiguration übrig bleibt. Anschließend werden die Sperrflächen $\mathcal{S}_3$ und $\mathcal{S}_4$ ebenfalls nacheinander rechts passiert, sodass das Egofahrzeug schlussendlich kollisionsfrei an allen Hindernissen vorbeifährt. Man erkennt wiederum zum Zeitpunkt $t = 3{,}43\,\text{s}$, wie das Egofahrzeug gar nicht in die

Tabelle 4.5: Beispielszenario 3: Vergleich der Optimierungsergebnisse für die verschiedenen Pfade (normiert, $\sigma = 200$)

Pfad 1	Pfad 2	Pfad 3	Pfad 4	Pfad 5
25,1	196,7	173,9	76,5	62,2

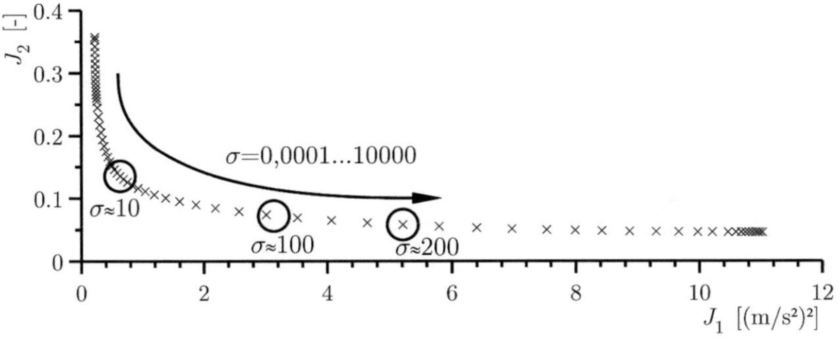

Bild 4.42: Mehrzieloptimierung für Pfad 1 ($\sigma = 10^{-4} \dots 10^4$)

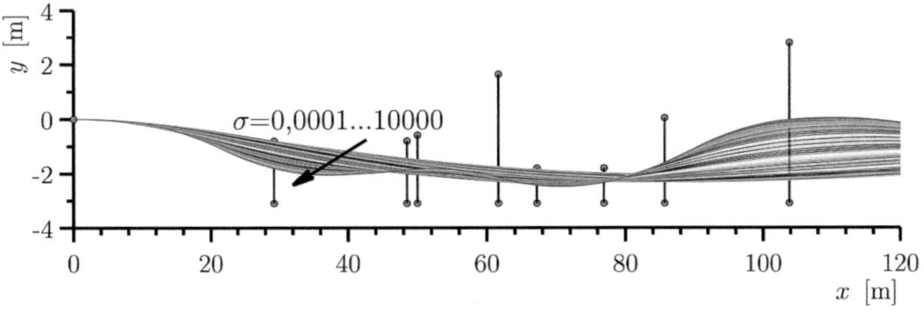

Bild 4.43: Variation der Trajektorien auf Basis der Mehrzieloptimierung für Pfad 1 ($\sigma = 10^{-4} \dots 10^4$)

Sperrfläche $\mathcal{S}_4$ eindringen kann, da die Beschneidung der kinematischen Konfiguration ausschließlich durch den Fahrbahnrand erfolgt. Hingegen wird die Konfiguration im nachfolgenden Propagationsschritt bei $t = 4,15\,\mathrm{s}$ wieder von $\mathcal{S}_4$ begrenzt.

In den Bildern 4.40, 4.41 sind die anhand der Optimierung ermittelten Beschleunigungsverläufe der Trajektorien für die fünf Pfade dargestellt. Offensichtlich ist in diesem Fall der erste Pfad der empfehlenswerte, da die maximale Beschleunigung nur zu Beginn und im weiteren Verlauf zur Hälfte noch einmal über einen kürzeren Zeitraum abgerufen wird, während die übrigen Pfade deutlich länger die maximalen Beschleunigungswerte benötigen. Die subjektive Bewertung wird durch die quantitative Auswertung des Optimierungskriteriums in Tabelle 4.5 für den gewählten Gewichtungsfaktor von $\sigma = 200$ bestätigt. Die Werte sind normiert angegeben, da J_1 und J_2 unterschiedliche Einheiten aufweisen. Zwar besitzt der numerische Wert des Funktionals für sich betrachtet nur eine geringe Aussagekraft, relativ gesehen zu den übrigen Pfaden ist der Wert des ersten jedoch signifikant kleiner und von daher dieser

Pfad als Ausweichtrajektorie zu wählen. Das Bild 4.42 verdeutlicht abschließend den Einfluss des Gewichtungsfaktors σ zwischen den Termen J_1 und J_2 im Optimierungskriterium im Sinn einer Mehrzieloptimierung und der sich ergebenden Paretofront. Wird σ sehr klein gewählt, so geht im Wesentlichen nur J_1 in die Optimierung ein, d. h. es wird eine möglichst krümmungsarme Trajektorie ermittelt. Wird hingegen der Gewichtungsfaktor σ sehr groß gewählt, so wird versucht, vorrangig J_2 zu minimieren und aufgrund der Vernachlässigung von J_1 die Trajektorie möglichst mittig durch die Passierungstore zu legen. Dabei liegt der Übergangsbereich im relativ starken Knick der Paretofront bei einer Gewichtung von $\sigma \approx 10$. Die zugehörigen Trajektorien sind im Bild 4.43 dargestellt. Die sich ändernde Charakteristik über die Variierung der Gewichtung ist sehr gut zu erkennen. Prinzipiell wäre eine Wahl von $\sigma = 10$ aufgrund des Verlaufs der Paretofront naheliegend, die mittige Durchfahrt der Passierungstore soll aber mit $\sigma \approx 100 \ldots 200$ etwas stärker gewichtet werden. Denn zum einen ist in diesem Bereich der Term J_2 zur mittigen Passierung der Tore bereits relativ nahe dem minimialen Wert für $\sigma \to \infty$, tatsächlich nimmt J_2 für $\sigma > 200$ nur noch unwesentlich ab. Zum anderen ist der Term J_1 im Vergleich zu den maximal auftretenden Werten von $J_1 > 10$ noch in einem akzeptablen Abstand zum absolut möglichen Minimum des krümmungsärmsten Verlaufs, der sich für $\sigma \to 0$ ergeben würde. Der vorgeschlagene Kompromiss für den Gewichtungsfaktor von $\sigma = 200$ ist folglich plausibel.

4.2.9 Abschließende Bemerkungen zur Methode der Passierungstore

Durch die Reduktion der Propagation auf die laterale Bewegung ist es möglich geworden, diese um die benötigte Geschwindigkeitsinformation zu erweitern und dadurch die fahrphysikalische Realisierbarkeit fast exakt abbilden zu können: Alle propagierten Positionen können auch tatsächlich angefahren werden. Gleichzeitig konnte der Rechenaufwand maßgeblich reduziert werden. Anhand der kinematischen Konfigurationen lässt sich das Problem der Überabschätzung in der Bewegungspropagation abgesehen von real vorliegenden Ruckbegrenzungen fast vollständig eliminieren. Lediglich durch den nicht berücksichtigten Eingriff in die Längsbewegung ist der Lösungsraum nicht vollständig abgedeckt, der reine Bremseingriff bzw. das kombinierte Brems-Lenkmanöver muss ggf. getrennt betrachtet werden. Dennoch ist es nun mittels der belastbaren und zuverlässigen lateralen Propagation möglich geworden, die Gesamtheit der kollisionsvermeidenden Trajektorien zu betrachten, ohne eine einzige von ihnen explizit berechnen zu müssen. Dadurch ist ein sehr schnelles und effizienten Verfahren zur Situationsanalyse gefunden worden. Verbleibt am Ende des Propagationshorizonts noch mindestens ein Passierungstor, so existiert auch eine fahrbare Trajektorie durch den von den Passierungstoren aufgespannten Pfad bis zu diesem letzten Tor. Damit unterscheidet sich dieses Verfahren deutlich von dem ersten vorgestellten, bei dem die Fahrbarkeit und das Erreichen des letzten Aufenthaltsgebiets erst noch durch die Berechnung einer Trajektorie überprüft werden muss.

Ein weiterer Vorteil ist die exakte Berücksichtigung der rechteckförmigen Fahrzeuggeometrien statt der Kreisdarstellungen und der damit einhergehenden Fehler. Bei schräg zum Egofahrzeug fahrenden Hindernissen führt die rechteckförmige Konstruktion der Sperrfläche allerdings zu einem größeren als tatsächlich benötigtem Gebiet. Diese Abweichung ist bei einem Winkel von 45° zwischen den Fahrtrichtungen am ungünstigsten und mündet in der maximalen Aufweitung der Sperrfläche. Unabhängig von diesem Winkel sollte darüber hinaus beim Ein- und Ausfahren in ein Passierungstor auch der Gierwinkel ψ in der Trajektorie berücksichtigt werden, da sich der laterale Platzbedarf durch die Drehung der Egofahrzeuggeometrie geringfügig erhöht. Dies lässt sich problemlos in der Berechnung der Trajektorie berücksichtigen, indem ein Sicherheitsabstand

$$\Delta y_{\text{Safe}} = l \sin|\psi| + \frac{b}{2}\cos\psi - \frac{b}{2} \tag{4.98}$$

zu den Rändern der Tore einzuhalten ist, der exakt diesem zusätzlichen lateralen Abstand entspricht. Der Gierwinkel im Passierungstor $\mathcal{P}_i$ ergibt sich zu:

$$|\psi| = \arctan\frac{|v_{i\,y}|}{v_{i\,x}}\,. \tag{4.99}$$

Die Längsgeschwindigkeit $v_{i\,x}$ ist für gewöhnlich größer null. Drückt man die trigonometrischen Funktionen in der Gleichung (4.98) durch die Tangens-Funktion aus, so erhält man die neuen Nebenbedingungen des Optimierungskriteriums, die sich ohne zusätzlichen Aufwand in der Beschreibung nach Gleichung (4.97) berücksichtigen lassen:

$$\tilde{y}_{i\,\text{inf}} = y_{i\,\text{inf}} \underbrace{- \frac{l\,|v_{i\,y}| + \frac{b}{2}\,v_{i\,x}}{\sqrt{v_{i\,x}^2 + v_{i\,y}^2}} + \frac{b}{2}}_{-\Delta y_{\text{Safe}}} \tag{4.100}$$

$$\tilde{y}_{i\,\text{sup}} = y_{i\,\text{sup}} \underbrace{+ \frac{l\,|v_{i\,y}| + \frac{b}{2}\,v_{i\,x}}{\sqrt{v_{i\,x}^2 + v_{i\,y}^2}} - \frac{b}{2}}_{\Delta y_{\text{Safe}}}\,. \tag{4.101}$$

Die Sperrflächen können darüber hinaus problemlos um einen zusätzlichen Sicherheitsabstand in longitudinaler Richtung erweitert werden. Dieser sollte jedoch nicht für alle Sperrflächen gleichermaßen gewählt werden, sondern anhand eines zeitlichen Abstands Δt_{Safe} vor und nach der virtuellen Durchdringung bestimmt werden, um schnellere und langsamere, entgegen kommende und voraus fahrende Fahrzeuge anhand ihrer Relativgeschwindigkeit gleichwertig zu berücksichtigen. Dazu werden der erste und der letzte Kontaktpunkt um die zu wählende zusätzliche Sicherheit Δt_{Safe} nach vorne bzw. nach hinten verschoben und anhand der Längspositionen, die das Egofahrzeug nicht mehr einnehmen darf, die größere Sperrfläche berechnet. Beispielhaft kann dies am Bild 4.21 verdeutlicht werden, indem die neue Sperrfläche sich aus den Positionen ergibt, die die vordere Stoßstange des Egofahrzeugs zu den modifizierten Zeitpunkten $t_1 - \Delta t_{\mathrm{Safe}}$ und $t_1' + \Delta t_{\mathrm{Safe}}$ einnimmt. Allgemein kann die Berechnung der Sperrfläche für ein Hindernis V_i nach Gleichungen 4.26 bis 4.29 ohne großen Aufwand angepasst werden. Dies führt auf die neuen Bestimmungsgleichungen der Eckpunkte der Sperrfläche $\tilde{\mathcal{S}}_i$ mit den beiden Sicherheitsabständen Δt_{Safe} und Δy_{Safe}:

$$\tilde{s}_{i\,x\,\mathrm{inf}} = \mathrm{Min}\left\{ x_{Vi}(t_i - \Delta t_{\mathrm{Safe}}) \,,\; x_{Vi}(t_i - \Delta t_{\mathrm{Safe}}) - \mathrm{sign}(v_{Vi})\, l_{Vi} \right\} \tag{4.102}$$

$$\tilde{s}_{i\,y\,\mathrm{inf}} = \mathrm{Min}\left\{ y_{Vi}(t_i - \Delta t_{\mathrm{Safe}}) - \left(\frac{b_{Vi}}{2} + \frac{b_E}{2}\right) ,\; y_{Vi}(t_i' + \Delta t_{\mathrm{Safe}}) - \left(\frac{b_{Vi}}{2} + \frac{b_E}{2}\right) \right\} - \Delta y_{\mathrm{Safe}} \tag{4.103}$$

$$\tilde{s}_{i\,x\,\mathrm{sup}} = \mathrm{Max}\left\{ x_{Vi}(t_i' + \Delta t_{\mathrm{Safe}}) + l_E \,,\; x_{Vi}(t_i' + \Delta t_{\mathrm{Safe}}) - \mathrm{sign}(v_{Vi})\,(l_{Vi} + l_E) \right\} \tag{4.104}$$

$$\tilde{s}_{i\,y\,\mathrm{sup}} = \mathrm{Max}\left\{ y_{Vi}(t_i - \Delta t_{\mathrm{Safe}}) + \left(\frac{b_{Vi}}{2} + \frac{b_E}{2}\right) ,\; y_{Vi}(t_i' + \Delta t_{\mathrm{Safe}}) + \left(\frac{b_{Vi}}{2} + \frac{b_E}{2}\right) \right\} + \Delta y_{\mathrm{Safe}} \,. \tag{4.105}$$

Abschließend seien noch einmal die Verläufe der Beschleunigungen aus den drei vorgestellten Beispielen betrachtet. Durch den Optimierungsansatz ergeben sich sprunghafte Übergänge zwischen den Wechseln der Querbeschleunigungen zu den Propagationszeitpunkten, vgl. zum Beispiel Bild 4.33. Diese sind letztlich auf die nicht berücksichtigte Ruckbegrenzung zurückzuführen, da für die Beschleunigungsänderung im Optimierungskriterium keine Begrenzung angenommen worden ist. Ein entsprechende Erweiterung wäre prinzipiell möglich, der Einfluss auf den Verlauf der Trajektorie aber minimal.

5 Simulationsumgebung für die Methode der Passierungstore

Das im vorherigen Kapitel vorgestellte Verfahren der Passierungstore ist unter Matlab implementiert worden. Mithilfe einer einfachen Benutzeroberfläche, deren wesentliche Bestandteile das Bild 5.1 zeigt, können verschiedene Szenarien sehr einfach parametriert und analysiert werden. Neben dem Egofahrzeug können Fahrbahnbreite und -verlauf, sowie bis zu zehn verschiedene Hindernisse mittels der im Bild 5.2 dargestellten Eingabemasken eingestellt werden. Diese sind weitestgehenst selbsterklärend und bedürfen keiner zusätzlichen Ausführung. Erwähnenswert ist lediglich die Möglichkeit, einen zusätzlichen Sicherheitsabstand für die Hindernisse festlegen zu können. Dieser kann sowohl lateral als Abstand definiert, als auch longitudinal in Form eines zusätzlichen Zeitfensters vor und nach dem Passieren des Hindernisses festgelegt werden. Daneben stehen für die Hindernisse verschiedene Fahrzeugtypen vom Kleinwagen über Transporter bis hin zum LKW zur Auswahl, deren geometrische Abmessungen jeweils gegeben sind. Für die Längsbewegung lassen sich in der Fahrhypothese auch Beschleunigungsintervalle festlegen, die entsprechend zu der bereits beschriebenen longitudinalen Aufdehnung der Sperrflächen führen.

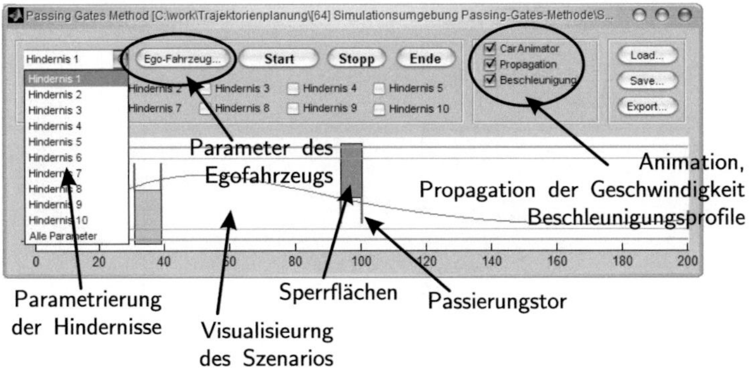

Bild 5.1: Grafische Oberfläche der Simulationsumgebung zur Methode der Passierungstore

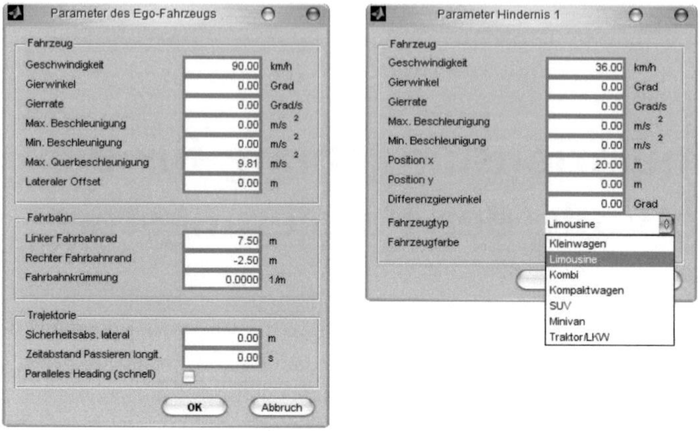

Bild 5.2: Parametrierung des Egofahrzeugs und der Hindernisfahrzeuge

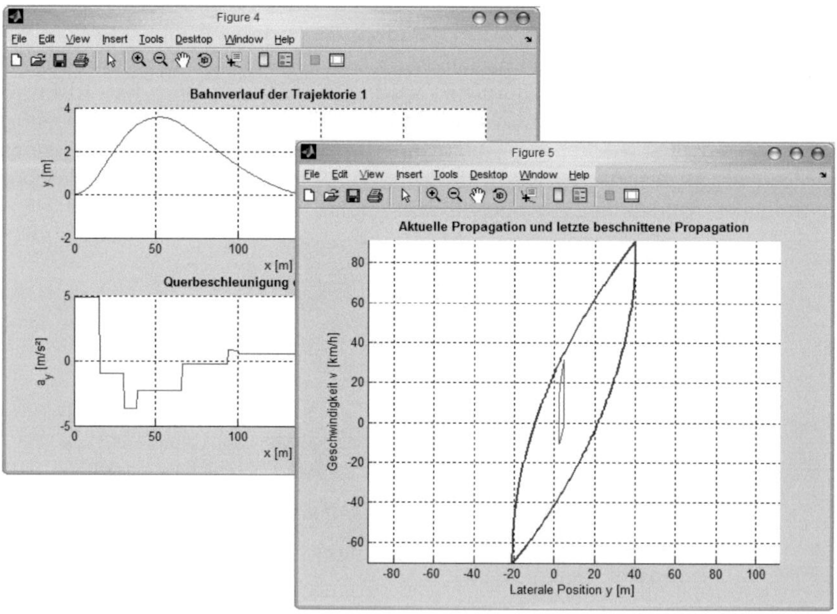

Bild 5.3: Kollisionsfreier Bahnverlauf mit Beschleunigungsprofil (links), Geschwindigkeitspropagation zur Berechnung der Passierungstore (rechts)

Die Berechnung der Sperrflächen und der Passierungstore zur Situationsanalyse erfolgt durch einen Klick auf den Start-Button. Die möglichen kollisionsfreien Trajektorien werden, soweit sie existieren, daraufhin eingezeichnet. Zum besseren Verständnis kann die Geschwindigkeitspropagation mit den zugrunde liegenden kinematischen Konfigurationen animiert werden, die im Bild 5.3 zu einem nicht näher bestimmten Zeitpunkt eines Beispielszenarios dargestellt ist. Während der Animation wird das Wachstum dieser Konfiguration entsprechend den gegebenen kinematischen Randbedingungen angezeigt. Beim Erreichen der nächsten Sperrfläche wechselt die innere Konfiguration auf die aktuelle, um stets zwischen der aktuellen und der zuletzt beschnittenen Konfiguration, aus der die aktuelle propagiert worden ist, vergleichen zu können. Des Weiteren wird der berechnete Verlauf und das Beschleunigungsprofil der einzelnen Trajektorien, die durch die verschiedenen Pfade entlang der Passierungstore führen, gezeichnet. Ein Schnappschuss der Animation des Szenarios ist im Bild 5.4 zu sehen. Sie stellt eine einfache zweidimensionale Draufsicht dar. Bei mehreren möglichen Trajektorien werden in dieser Animation alle Pfade gleichzeitig animiert, wie es beispielsweise im Bild 4.38 des dritten ausgewählten Szenarios im vorherigen Kapitel der Fall gewesen ist. Darüber hinaus ist mittels dreidimensionaler Fahrzeugmodelle eine grafisch aufwändige Visualisierung in Form des Programms *SurfAnimator*®, das Teil des kommerziellen Programms *CarSim*® zur Fahrdynamiksimulation ist, angebunden worden. Dabei konnte auf eine bestehende, rudimentäre Schnittstelle zur Animation von Bewegungsdaten, die in der Entwicklungsabteilung CR/AEV der Robert Bosch GmbH geschaffen worden ist, aufgesetzt werden. Diese Schnittstelle ist um verschiedene Fahrzeugmodelle, die Generierung von beliebigen Fahrbahnverläufen, sowie die gleichzeitige Animation mehrerer Fahrzeuge erweitert und in die Simulationsumgebung integriert worden. Die Animation des Beispielszenarios ist im Bild 5.5 zu sehen. Mittels Maussteuerung lässt sich um das gesamte Szenario herum schwenken und die Animation aus unterschiedlichsten Blickwinkeln betrachten. Sie kann verlangsamt, gestoppt, vorwärts oder rückwärts abgespielt werden. Um dabei die Übersichtlichkeit zu wahren, wird stets nur eine, vorab auszuwählende Trajektorie des Egofahrzeugs animiert. Des Weiteren gibt es die optionale Möglichkeit, die in diesem Fall aktiviert ist, den Verlauf der gefahrenen Bahn durch sogenannte „Ghost“-Fahrzeuge besser zu kennzeichnen. Diese laufen dem aktuellen Animationszeitpunkt um einen bestimmten, aber konstanten zeitlichen Abstand hinterher und visualisieren somit die Historie des Szenarios. Durch die vorgestellte Simulationsumgebung ist es auf sehr einfache Art und Weise möglich geworden, unterschiedlichste Mehrobjektszenarien zu generieren und mittels der Methode der Passierungstore auf eine Kollisionsvermeidbarkeit für das Egofahrzeug hin zu untersuchen. Anhand der zweidimensionalen Animation lässt sich die Entstehung der Sperrflächen und die Belegung durch das jeweilige Hindernis beim Passieren des Egofahrzeugs verstehen und nachvollziehen. Die Geschwindigkeitspropagation veranschaulicht darüber hinaus sehr gut, wie sich die lateral erreichbaren Positionen während der Propagation herausbilden und sich daraus die Passierungstore ableiten lassen.

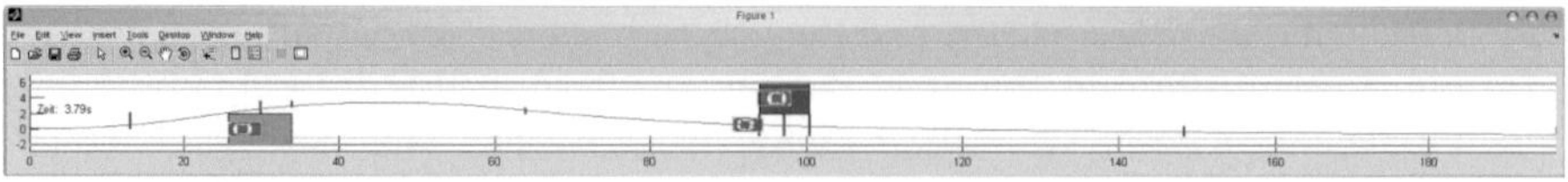

Bild 5.4: 2D-Animation des Szenarios in der Simulationsumgebung

Bild 5.5: 3D-Animation des Szenarios in der Simulationsumgebung durch Anbindung des SurfAnimators®

6 Zusammenfassung und Ausblick

In dieser Arbeit sind Fahrstrategien für komplexe Verkehrszenarien abgeleitet worden, die über einen reinen Bremseingriff hinaus gehen. Dabei ist zunächst der Frage nachgegangen worden, wie das letztmögliche Kollisionsvermeidungsmanöver vor einem Hindernis auszusehen hat. Es hat sich gezeigt, dass es einen bestimmten Punkt vor dem Hindernis in Abhängigkeit der Relativgeschwindigkeit und der Längsbeschleunigungen gibt, bei dem das letzte Manöver vom Bremseingriff auf einen Lenkeingriff wechseln muss. Durch die Einführung der Theorie der Aufenthaltskreise, die letztlich den Kammschen Kreis zweimal integriert und in den Ortsraum projiziert, ist die Betrachtung auf die Gesamtheit der Trajektorien erweitert worden, ohne dass einzelne Trajektorien explizit untersucht werden mussten. Dabei hat sich zeigen lassen, dass das letztmögliche Ausweichmanöver kein reiner Lenkeingriff sein darf, sondern ein kombinierter Lenk- und Bremseingriff sein muss, wobei der Bremsanteil mit der Höhe der Relativgeschwindigkeit zwischen Ego- und Hindernisfahrzeug abnimmt. Zwar scheint der praktische Nutzen des Bremseingriffs minimal zu sein, da er nur zu wenig Geschwindigkeitsabbau bis zum Passieren des Hindernisses führt, doch auch diese geringe Reduktion der kinematischen Energie kann im Zweifelsfall hilfreich sein.

Im Anschluss ist das reine Kollisionsvermeidungsmanöver auf ein Ausweichmanöver im Sinne eines Spurwechsels erweitert worden. Denn das reine Weglenken vor dem Hindernis verhindert zwar die Kollision mit diesem, gewährleistet jedoch nicht, dass die Fahrbahn nicht verlassen wird. Für diese Ausweichmanöver sind zunächst einige bekannte und gängige Spurwechseltrajektorien miteinander verglichen worden. Aus den Ergebnissen ist auf Basis des Polynoms dritter Ordnung über einen krümmungsoptimalen Ansatz eine weitere Trajektorie abgeleitet worden, die aber erheblichen Rechenaufwand für die Anpassung an die gegebenen Randbedingungen und die Bestimmung des Bahnverlaufs bedarf. Im Anschluss ist noch eine weitere Trajektorie mittels eines Optimierungsansatzes hergeleitet und auf eine Arkustangens-Funktion für den Beschleunigungsverlauf zurückgeführt worden.

Nachdem das einzelne Hindernis erschöpfend betrachtet worden ist, ist das Szenario auf mehrere Objekte in komplexen Verkehrssituationen, für die kollisionsfreie Fahrstrategien abgeleitet werden sollten, erweitert worden. Im ersten Ansatz ist dazu auf Basis der Theorie der Aufenthaltskreise die gegenseitige Begrenzung zwischen Hindernissen und Egofahrzeug betrachtet und eine Sequenz von Gebieten für das Egofahrzeug abgeleitet worden. Durch die Begrenzung und der daraus resultierenden Beschneidung der Gebiete untereinander entarten die ursprünglich kreisförmigen

Gebiete zu unterschiedlich komplexen Polygonen, innerhalb derer sich das Fahrzeug aufhalten darf. Je nachdem welches Fahrverhalten für die Hindernisse angenommen wird, das von maximal kooperativ bis hin zu maximal aggressiv reichen kann, ergeben sich unter Beachtung der Fahrzeuggeometrien die Ausschluss- und Gefährdungsgebiete, in die das Fahrzeug zur Vermeidung einer Kollision nicht eindringen darf. Durch die Tatsache, dass sich auch die Hindernisse gegenseitig begrenzen, können die Gebiete etwas schärfer formuliert und voneinander abgegrenzt werden. Im nächsten Schritt ist eine Möglichkeit aufgezeigt worden, wie sich aus den Aufenthaltsgebieten eine explizite Trajektorie ableiten lässt. Denn durch die Betrachtung der Gesamtheit der Trajektorien ist die Steuerungsinformation für jede einzelne Trajektorie verloren gegangen und muss nun im Nachhinein ermittelt werden. Dabei hat sich jedoch gezeigt, dass durch die verfahrensbedingte Überabschätzung die Gebiete zu stark anwachsen und es nicht zwangsläufig eine fahrbare Trajektorie geben muss, obwohl eine Sequenz von Aufenthaltsgebieten existiert. Gerade bei einem größerem Propagationshorizont wachsen die Gebiete zum Ende hin zu stark an. Denn fahrphysikalisch realisierbar kann sich das Fahrzeug nur in einem kleinen Bereich des Gebiets aufhalten, der sich aber nicht schärfer eingrenzen lässt. Der tatsächliche Nutzen der Aufenthaltsgebiete, um auf Grundlage der Gebietspropagation eine kollisionsfreie Trajektorie durch diese hindurch ableiten zu können, ist abschließend betrachtet leider ernüchternd gering. Zwar sind sie äußerst belastbar im Hinblick auf die zuverlässige Erkennung einer unvermeidbaren Kollision, der Umkehrschluss ist jedoch nicht gegeben: Ein Nichtverschwinden des Aufenthaltsgebiets lässt nicht die Aussage zu, dass auch ein kollisionsfreier Weg zwischen den Hindernissen hindurch existiert.

Aus diesem Grund ist im Anschluss ein alternatives Verfahren entwickelt worden, dass gezielt die Schwächen des ersten Propagationsansatzes vermeidet. Deren Ursache lag im Wesentlichen in der fehlenden Geschwindigkeitsinformation während der Propagation, da es in dem Verfahren inhärent möglich ist, die Richtung instantan umzukehren und somit von einem Propagationsschritt zum nächsten mit maximaler Geschwindigkeit plötzlich in die entgegengesetzte Richtung zu fahren. Die Eliminierung dieser Schwäche ist das vorangige Ziel im zweiten Ansatz gewesen. Dazu wird die Propagation in Längs- und Querbewegung zerlegt und diese werden getrennt voneinander betrachtet. Mittels der kinematischen Konfiguration ist es möglich, zu jeder propagierten Position auch die möglichen Geschwindigkeitsintervalle, die maximal und minimal in dieser Position erreicht werden können, analytisch zu berechnen und während der Propagation buchzuführen. Anhand der nun vorhandenen Geschwindigkeitsinformation kann die laterale Bewegung deutlich schärfer beschrieben und die instantane Richtungsumkehr vermieden werden. Lediglich die nichtbegrenzte, maximale Änderung der Querbeschleunigung erzeugt noch eine gewisse Überabschätzung. Aus der longitudinalen Propagation können die Sperrflächen abgeleitet werden, die die Bereiche kennzeichnen, in denen die Geometrie des Egofahrzeugs die der Hindernisse virtuell durchdringen würde und die folglich vom Egofahrzeug nicht befahren werden dürfen. Aufgrund der bekannten Orientierung können die Geometrien sehr einfach berücksichtigt werden. Eine Über- bzw. Unterabschätzung durch die Verwendung der Außen- bzw. Innenkreisradien wie im ersten Verfahren tritt nicht mehr auf. Im letzten Schritt wird nun die laterale Propagation genau auf Höhe der Sperrflächen durchgeführt, woraus sich sogenannte Passierungstore, die namensgebend für das Verfahren geworden sind, ermitteln lassen. Diese Passierungstore sind vom Egofahrzeug fahrphysikalisch erreichbar und sicher kollisionsfrei, d. h. es besteht nun wiederum die Möglichkeit, ohne eine einzige Trajektorie explizit berechnen zu müssen, eine Situationsanalyse im Hinblick auf die Kollisionsvermeidbarkeit durchzuführen. Gegenüber dem ersten Ansatz ergeben sich damit wesentliche Vorteile:

- Die laterale Propagation muss nicht mehr in kleinen, äquidistanten Zeitschritten erfolgen, sondern reduziert sich ausschließlich auf die wenigen Zeitpunkte, wenn das Egofahrzeug auf eine Sperrfläche trifft und sich wieder von dieser löst.
- Das Ergebnis der Situationsanalyse ist belastbar, d. h. wenn am Ende ein Pfad von Passierungstoren zwischen den Hindernissen hindurch ermittelt werden konnte, so existiert auch sicher eine kollisionsfreie Trajektorie durch diesen Pfad. Eine Überprüfung der Fahrbarkeit im Anschluss ist nicht mehr nötig.
- Durch die sehr wenigen Propagationsschritte ist das Verfahren deutlich schneller, bei gleichzeitig fahrphysikalisch realisierbarem Propagationsergebnis.

Aus der abschließenden Berechnung der Trajektorie können nun die nötigen Lenkbewegungen abgeleitet werden, um kollisionsfrei zwischen den verschiedenen Hindernissen hindurch zu fahren. Die gesamten Algorithmen zur Propagation und Berechnung der Trajektorien sind in eine Simulationsumgebung integriert worden, um verschiedenste Mehrobjektszenarien schnell und unkompliziert untersuchen und visualisieren zu können.

Abschließend betrachtet konnte die Frage nach dem Nutzen einer Ausweichassistenz in Mehrobjektszenarien nicht befriedigend beantwortet werden. Zwar besteht nun die Möglichkeit, kollisionsfreie Trajektorien in komplexen Verkehrsszenarien zu berechnen, das tatsächliche Verhalten der anderen Verkehrsteilnehmer kann jedoch nur bedingt vorausgesagt werden. Die Berechnung der Trajektorie erfolgt auf Basis von a-priori angenommenen Fahrhypothesen und steht und fällt folglich mit der Belastbarkeit dieser Hypothesen. Aus diesem Grund sollte die vorliegende Arbeit im Wesentlichen als ein Beitrag zur Situationsanalyse für Mehrobjektszenarien gesehen werden.

Ein weitere wesentliche Schwierigkeit, die in dieser Arbeit vollständig ausgeblendet worden ist, ist die der sensorischen Wahrnehmung. Zwar verfügen heutige moderne Fahrzeuge über unterschiedlichste Sensorsysteme, wie Abstandsradar für verschiedene Entfernungsbereiche, Videosensorik oder Ultraschallsensoren, und können somit das Umfeld recht gut erkennen, da aber das Ausweichen erst bei hohen Relativgeschwindigkeiten das letzte kollisionsvermeidende Manöver darstellt, erfordert dies eine sehr große sensorische Reichweite, um es entsprechend über das Primärhindernis hinaus abzusichern. Dabei kommt erschwerend hinzu, dass aus der Fahrzeugsicht Hindernisse verdeckt oder abgeschattet sein können, insbesondere ist bei einem Propagationshorizont von einigen Sekunden und entgegen kommendem Verkehr eine Sensorreichweite von mehreren hundert Metern nötig.

Andererseits überwachen moderne Sicherheitssysteme wie zum Beispiel die automatische Notbremsung den Verkehr vor dem Fahrzeug und analysieren permanent den letztmöglichen Bremseingriff zu dem direkt voraus liegenden Fahrzeug. Sollte der Punkt des letztmöglichen Bremsens eintreten, so greifen diese Systeme ein, obwohl eventuell noch ein Ausweichen zu einem späteren Zeitpunkt möglich wäre. Das bedeutet aber, dass Situationen, in der ein Fahrzeug mit hoher Relativgeschwindigkeit auf ein Hindernis auffährt und der Punkt des letzten kollisionsvermeidenden Bremseingriffs ohne eine Aktivierung des Systems überschritten worden ist, prinzipiell nur Situationen sein können, in denen Hindernisse plötzlich im Blickfeld der Sensorik erscheinen, die vorher nicht wahrgenommen worden sind, beispielsweise durch ein quer fahrendes Fahrzeug oder durch ein plötzlich von der Seite herein laufendes Tier. Die Gefahr in diesen Situationen kann aber gegebenenfalls bereits durch einen kurzen Bremseingriff gebannt werden, sodass das Objekt den Gefahrenbereich bereits bei Annäherung wieder verlassen hat und das Egofahrzeug nicht bis in Stillstand abbremsen muss. Dies stellt aber letztlich eine sensorische Herausforderung dar.

Literatur

[Ago05] AGOSTON, MAX K.: *Computer Graphics and Geometric Modeling.* Springer-Verlag, London, 2005.

[All87] ALLEN, R. WADE; ROSENTHAL, THEODORE J.; SZOSTAK HENRY T.: *Steady State and Transient Analysis of Ground Vehicle Handling.* 870495. Society of Automotive Engineers, 1987.

[Alt02] ALT, W.: *Nichtlineare Optimierung.* Vieweg Verlag, Braunschweig, Wiesbaden, 1. Auflage, 2002.

[Ame02] AMELING, CHRISTIAN: *Steigerung der aktiven Sicherheit von Kraftfahrzeugen durch ein Kollisionsvermeidungssystem.* In: *Fortschritt-Berichte VDI*, Band 10 der Reihe *12*, Dissertation, Helmut-Schmidt-Universität/Universität der Bundeswehr, 2002.

[And97] ANDREWS, SCOTT; GOUDY, ROY: *A Two-Dimensional Vehicle Control Strategy for Automated Obstacle Avoidance.* In: *IEEE Conference on Intelligent Transportation System*, Seiten 841–846, Boston, MA, USA, 9.-12. November 1997.

[Ant07] ANTONIOU, A.; LU, W.-S.: *Practical Optimization.* Springer-Verlag, New York, 2007.

[Aut12] AUTO MOTOR UND SPORT: *Volvo V40 - Neues Kompaktmodell im Fahrbericht*, 14/2012.

[Bec06] BECKER, JAN: *Informationsfusion in der Mess- und Sensortechnik*, Kapitel Fusion von Sensordaten zur Umfeldwahrnehmung für Fahrerassistenzsysteme - eine Übersicht. Universitätsverlag Karlsruhe, Karlsruhe, 2006.

[Bet98] BETTS, JOHN T.: *Survey of Numerical Methods for Trajectory Optimization.* In: *Journal of Guidance, Control and Dynamics*, Band 21 der Reihe *2*, Seiten 193–207, 1998.

[Bie99] BIELACZEK, CHRISTIAN: *Die Auswirkungen der aktiven Fahrerbeeinflussung auf die Fahrsicherheit.* In: *ATZ Automobiltechnische Zeitschrift*, Band 9 der Reihe *101*, Seiten 714–724, ATZ Automobiltechnische Zeitschrift, 1999.

[Boy09] Boyd, S.; Vandenberghe, L.: *Convex Optimization.* Cambridge University Press, New York, 2. Auflage, 2009.

[Bra05] Brandt, Thorsten; Sattel, Thomas; Wallaschek Jörg: *Zur integrierten Längs- und Querführung von Kraftfahrzeugen in Notsituationen.* In: *VDI-Berichte*, Band 1892, Seiten 779–808, 2005.

[Bra07] Brandt, Jens: *A Layered Approach to Polygon Processing for Safety-Critical Embedded Systems.* Dissertation, Technische Universität Kaiserslautern, 2007.

[Bre06] Breuer, B.: *Bremsenhandbuch.* Vieweg Verlag, Wiesbaden, 3. Auflage, 2006.

[Col96] Coleman, T. F.; Li Y.: *A Reflective Newton Method for Minimizing a Quadratic Function Subject to Bounds on Some of the Variables.* In: *SIAM Journal on Optimization*, Seiten 1040–1058, 1996.

[Dit03] Dittmer, Martin: *Automatic Emergency Braking.* Technischer Bericht, IBEO Automobile Sensor GmbH, 2003.

[Fle00] Fletcher, R.: *Practical Methods of Optimization.* John Wiley & Sons, London, 2. Auflage, 2000.

[Ger04] Gerdes, Ingrid; Klawonn, Frank; Kruse Rudolf: *Evolutionäre Algorithmen: Genetische Algorithmen, Strategien und Optimierungsverfahren, Beispielanwendungen.* Vieweg+Teubner Verlag, 1. Auflage, 2004.

[Gil81] Gill, P. E.; Murray, W.; Wright M. H.: *Practical Optimization.* Academic Press, London, 1981.

[Gro09] Gross, D.; Hauger, W.; Schröder J.; Wall W.: *Technische Mechanik 2 (Elastostatik).* Springer-Verlag, Berlin Heidelberg, 10. Auflage, 2009.

[Gul94] Guldner, J.: *A Sliding Mode Control approach to Automatic Car Steering.* In: *Proceedings of the American Control Conference*, Seiten 1969–1973, 1994.

[Gul97] Guldner, J.: *Lokale Kollisionsvermeidung für mobile Roboter mittels künstlicher harmonischer Dipol-Potentiale.* In: *at - Automatisierungstechnik*, Band 45, Seiten 24–35, 1997.

[Hei03] Heinebrodt, M.; Knoop, M.; Oechsle F.; Staempfle M.; Wilhelm U.: *Verfahren und Vorrichtung zur Ermmittlung des Bevorstehens einer unausweichbaren Kollision*, 2003. Patent EP 1 387 183 A1.

[Hor04] Horiuchi, Shinichiro; Okada, Kazuyuki; Nohtomi Shinya: *Optimum Steering and Braking Control Strategies in Obstacles Avoidance Maneuvers.* In: *Proceedings of the International Symposium on Advanced Vehicle Control*, Seiten 619–624, Arnheim, Niederlande, 23.-27. August 2004.

[Jar04] JARRE, F.; STOER, J.: *Optimierung.* Springer-Verlag, Berlin Heidelberg, 1. Auflage, 2004.

[Kan85] KANAYAMA, Y.; MIYAKE, B.: *Trajectory Generation for Mobile Robots.* In: *Third International Symposium on Robotics Research*, Seiten 333–340, 1985.

[Kan89] KANAYAMA, Y.; HARTMAN, B.: *Smooth Local Path Planning for Autonomous Vehicles.* In: *IEEE International Conference on Robotics And Automation*, Seiten 1265–1270, 1989.

[Kha86] KHATIB, O.: *Real-Time Obstacle Avoidance for Manipulators and Mobile Robots.* In: *International Journal of Robotics Research*, Seiten 90–98, 1986.

[Kop00] KOPISCHKE, STEPHAN: *Entwicklung einer Notbremsfunktion mit Rapid Prototyping Methoden.* In: *Berichte aus dem Institut für Elektrische Meßtechnik und Grundlagen der Elektrotechnik*, Band 10, Dissertation, Technische Universität Braunschweig, 2000.

[Lat91] LATOMBE, JEAN-CLAUD: *Robot Motion Planning.* Kluwer Academic Publishers, Dordrecht, 1. Auflage, 1991.

[Mar00] MARGOLIS, DONALD L.; BLANK, MATTHEW: *Minimizing the Path Radius of Curvature for Collision Avoidance.* In: *Vehicle System Dynamics*, Band 33, Seiten 183–201, 2000.

[Mat02] MATHWORKS, THE: *Optimization Toolbox User's Guide.* The Mathworks, Inc., 2. Auflage, 2002.

[Mit04] MITSCHKE, MANFRED; WALLENTOWITZ, HENNING: *Dynamik der Kraftfahrzeuge.* Springer-Verlag, Berlin Heidelberg, 4. Auflage, 2004.

[Mur07] MURTA, ALAN: *http://www.cs.man.ac.uk/ toby/alan/software/gpc.html.* General Polygon Clipper, 2007.

[Nel89] NELSON, W.: *Continous-Curvature Path for Autonomous Vehicles.* In: *IEEE International Conference Robotics and Automation*, Seiten 1260–1264, 1989.

[Rei94] REICHARDT, D.; SCHICK, J.: *Collision Avoidance in Dynamic Environments Applied to Autonomous Vehicle Guidance on the Motorway.* In: *Intelligent Vehicle Symposium*, Seiten 74–78, 1994.

[Rob03] ROBERT BOSCH GMBH: *Kraftfahrtechnisches Taschenbuch.* Vieweg Verlag, Wiesbaden, 25. Auflage, 2003.

[Rob04] ROBERT BOSCH GMBH: *Sicherheits- und Komfortsysteme - Funktion, Regelung und Komponenten.* Vieweg Verlag, Wiesbaden, 4. Auflage, 2004.

[Ros04] ROSSETTER, E.: *A Potential Field Framework for Active Vehicle Lanekeeping Assistance.* Dissertation, Stanford University, 2004.

[Sch82] SCHIMMELPFENNIG, K.-H.; HEBING, N.: *Geschwindigkeit bei kreisförmiger Kurvenfahrt: Stabilitäts- und Sicherheitsgrenze.* In: *Der Verkehrsunfall*, Band 5, Seiten 97–99, 1982.

[Sch85] SCHIMMELPFENNIG, K.-H.; NACKENHORST, U.: *Bedeutung der Querbeschleunigung in der Verkehrsunfallrekonstruktion/Sicherheitsgrenze des Normalfahrers.* In: *Verkehrsunfall und Fahrzeugtechnik*, Band 23, Seiten 94–96, 1985.

[Sch05] SCHMIDT, CHRISTIAN; OECHSLE, FRED; BRANZ WOLFGANG: *Untersuchungen zum optimalen Ausweichmanöver für stehende und beschleunigt bewegte Hindernisse im Single-Objekt-Szenario.* In: *Workshop Fahrerassistenzsysteme FAS2005*, Seiten 1–9, Walting, Deutschland, 6.-8. April 2005.

[Sch06] SCHMIDT, CHRISTIAN; OECHSLE, FRED; BRANZ WOLFGANG: *Research on Trajectoriy Planning in Emergency Situations with Multiple Objects.* In: *IEEE Intelligent Transportation Systems Conference*, Seiten 988–992, Toronto, Kanada, 17.-20. September 2006.

[Sch07] SCHMIDT, CHRISTIAN; BRANZ, WOLFGANG: *„Passing-Gates-Method" - Verfahren zur kollisionsvermeidenden Trajektorienplanung für ein Fahrzeug in kritischen Verkehrsszenarien.* In: *7. Internationales Stuttgarter Symposium - Automobil- und Motorentechnik*, Seiten 281–296, Stuttgart, Deutschland, 20.-21. März 2007.

[Shi95] SHILLER, ZVI; SUNDAR, SATISH: *Emergency Maneuvers of AHS Vehicles.* In: *Journal of Passenger Cars*, Band 104 der Reihe *SAE 1995 Transactions*, Seiten 2633–2643, 1995.

[Shi98a] SHILLER, ZVI; FIORINI, PAOLO: *Motion Planning in Dynamic Environments Using Velocity Obstacles.* In: *The Internation Journal of Robotics Research*, Band 17, Seiten 760–772, 1998.

[Shi98b] SHILLER, ZVI; SUNDAR, SATISH: *Emergency Lane-Change Maneuvers of Autonomous Vehicles.* In: *Journal of Dynamic Systems,Measurement and Control*, Band 120, Seiten 37–44, 1998.

[Sle97] SLEDGE, JR., NATHANIEL H.; MARSHEK KURT M.: *Comparison of Ideal Vehicle Lane-Chane Trajectories.* In: *Research into Vehicle Dynamics and Simulation*, 971062, Seiten 233–256. Society of Automotive Engineers, 1997.

[Sle98] SLEDGE, JR., NATHANIEL H.; MARSHEK KURT M.: *Development and Validation of an Optimized Emergency Lane-Change Trajectory.* In: *Vehicle Dynamics and Simulation*, 980231, Seiten 103–121, Detroit, Michigan, USA, 1998. Society of Automotive Engineers.

[Stö95] STÖCKER, HORST: *Taschenbuch mathematischer Formeln und moderner Verfahren.* Harri Deutsch Verlag, 3. Auflage, 1995.

[Stä06] STÄHLIN, ULRICH; SCHORN, MATTHIAS; ISERMANN ROLF: *Notausweichen für ein Fahrerassistenzsystem zur Unfallvermeidung.* In: *VDI-Berichte*, Band 1931, Seiten 197–206, 2006.

[Stä07] STÄHLIN, ULRICH; SCHORN, MATTHIAS; ISERMANN ROLF: *Collision Avoidance Braking and Steering Strategies for an Advanced Driver Assistance System.* In: *7. Internationales Stuttgarter Symposium*, Band 1, Seiten 361–375, 2007.

[Väg03] VÄGVERKET: *Vision Zero on the move*, 2003.

[Wie82] WIELKE, BERNHARD: *Psychologische und physikalische Grenzen bei Lenk- und Bremsreaktionen.* In: *Der Verkehrsunfall*, Band 2, Seiten 35–37, 1982.

[Win12] WINNER, HERMANN; HAKULI, STEPHAN; WOLF GABRIELE: *Handbuch Fahrerassistenzsysteme.* Vieweg + Teubner Verlag, Wiesbaden, 2. Auflage, 2012.

[Wol05] WOLF, G.: *Straßenplanung.* Wernerverlag, München, 2005.

Schriftenreihe
Institut für Mess- und Regelungstechnik
Karlsruher Institut für Technologie
(1613-4214)

Die Bände sind unter www.ksp.kit.edu als PDF frei verfügbar oder als Druckausgabe bestellbar.

Band 001 Hans, Annegret
Entwicklung eines Inline-Viskosimeters auf Basis eines magnetisch-induktiven Durchflussmessers. 2004
ISBN 3-937300-02-3

Band 002 Heizmann, Michael
Auswertung von forensischen Riefenspuren mittels automatischer Sichtprüfung. 2004
ISBN 3-937300-05-8

Band 003 Herbst, Jürgen
Zerstörungsfreie Prüfung von Abwasserkanälen mit Klopfschall. 2004
ISBN 3-937300-23-6

Band 004 Kammel, Sören
Deflektometrische Untersuchung spiegelnd reflektierender Freiformflächen. 2005
ISBN 3-937300-28-7

Band 005 Geistler, Alexander
Bordautonome Ortung von Schienenfahrzeugen mit Wirbelstrom-Sensoren. 2007
ISBN 978-3-86644-123-1

Band 006 Horn, Jan
Zweidimensionale Geschwindigkeitsmessung texturierter Oberflächen mit flächenhaften bildgebenden Sensoren. 2007
ISBN 978-3-86644-076-0

Band 007 Hoffmann, Christian
Fahrzeugdetektion durch Fusion monoskopischer Videomerkmale. 2007
ISBN 978-3-86644-139-2

Band 008 Dang, Thao
Kontinuierliche Selbstkalibrierung von Stereokameras. 2007
ISBN 978-3-86644-164-4

Band 009 Kapp, Andreas
Ein Beitrag zur Verbesserung und Erweiterung der Lidar-Signalverarbeitung für Fahrzeuge. 2007
ISBN 978-3-86644-174-3

Band 010 Horbach, Jan
Verfahren zur optischen 3D-Vermessung spiegelnder Oberflächen. 2008
ISBN 978-3-86644-202-3

Band 011 Böhringer, Frank
Gleisselektive Ortung von Schienenfahrzeugen mit bordautonomer Sensorik. 2008
ISBN 978-3-86644-196-5

Band 012 Xin, Binjian
Auswertung und Charakterisierung dreidimensionaler Messdaten technischer Oberflächen mit Riefentexturen. 2009
ISBN 978-3-86644-326-6

Band 013 Cech, Markus
Fahrspurschätzung aus monokularen Bildfolgen für innerstädtische Fahrerassistenzanwendungen. 2009
ISBN 978-3-86644-351-8

Band 014 Speck, Christoph
Automatisierte Auswertung forensischer Spuren auf Patronenhülsen. 2009
ISBN 978-3-86644-365-5

Band 015 Bachmann, Alexander
Dichte Objektsegmentierung in Stereobildfolgen. 2010
ISBN 978-3-86644-541-3

Band 016 Duchow, Christian
Videobasierte Wahrnehmung markierter Kreuzungen mit lokalem Markierungstest und Bayes'scher Modellierung. 2011
ISBN 978-3-86644-630-4

Band 017 Pink, Oliver
Bildbasierte Selbstlokalisierung von Straßenfahrzeugen. 2011
ISBN 978-3-86644-708-0

Band 018 Hensel, Stefan
Wirbelstromsensorbasierte Lokalisierung von Schienenfahrzeugen in topologischen Karten. 2011
ISBN 978-3-86644-749-3

Band 019 Carsten Hasberg
Simultane Lokalisierung und Kartierung spurgeführter Systeme. 2012
ISBN 978-3-86644-831-5

Band 020 Pitzer, Benjamin
Automatic Reconstruction of Textured 3D Models. 2012
ISBN 978-3-86644-805-6

Band 021 Roser, Martin
Modellbasierte und positionsgenaue Erkennung von Regentropfen in Bildfolgen zur Verbesserung von videobasierten Fahrerassistenzfunktionen. 2012
ISBN 978-3-86644-926-8

Band 022 Loose, Heidi
Dreidimensionale Straßenmodelle für Fahrerassistenzsysteme auf Landstraßen. 2013
ISBN 978-3-86644-942-8

Band 023 Rapp, Holger
Reconstruction of Specular Reflective Surfaces using Auto-Calibrating Deflectometry. 2013
ISBN 978-3-86644-966-4

Band 024 Moosmann, Frank
Interlacing Self-Localization, Moving Object Tracking and Mapping for 3D Range Sensors. 2013
ISBN 978-3-86644-977-0

Band 025	Geiger, Andreas **Probabilistic Models for 3D Urban Scene Understanding from Movable Platforms.** 2013 ISBN 978-3-7315-0081-0
Band 026	Hörter, Marko **Entwicklung und vergleichende Bewertung einer bildbasierten Markierungslichtsteuerung für Kraftfahrzeuge.** 2013 ISBN 978-3-7315-0091-9
Band 027	Kitt, Bernd **Effiziente Schätzung dichter Bewegungsvektorfelder unter Berücksichtigung der Epipolargeometrie zwischen unterschiedlichen Ansichten einer Szene.** 2013 ISBN 978-3-7315-0105-3
Band 028	Lategahn, Henning **Mapping and Localization in Urban Environments Using Cameras.** 2013 ISBN 978-3-7315-0135-0
Band 029	Tischler, Karin **Informationsfusion für die kooperative Umfeldwahrnehmung vernetzter Fahrzeuge.** 2014 ISBN 978-3-7315-0166-4
Band 030	Schmidt, Christian **Fahrstrategien zur Unfallvermeidung im Straßenverkehr für Einzel- und Mehrobjektszenarien.** 2014 ISBN 978-3-7315-0198-5